普通高等教育新工科通信类课改系列教材

U0159838

移动通信概论

张晓燕　张朝贤　王晓东　林　斌　夏靖波　**编著**

西安电子科技大学出版社

内 容 简 介

本书详细介绍了移动通信的基本概念、基本原理、基本技术和典型系统。全书共 10 章，首先介绍了移动通信的发展及演进过程、移动通信的信道；其次重点介绍了组网技术基础、数字调制技术、抗衰落技术、多址接入技术等移动通信中的关键技术；最后对 2G、3G、4G 以及 5G 移动通信系统的技术和应用进行了详细介绍。

本书可作为高等学校通信工程、信息工程、电子工程等相关专业本科生教材，也可作为工程技术人员的参考书。

图书在版编目(CIP)数据

移动通信概论/张晓燕，等编著. —西安：西安电子科技大学出版社，2022.11
ISBN 978 - 7 - 5606 - 6572 - 6

Ⅰ. ①移…　Ⅱ. ①张…　Ⅲ. ①移动通信—通信技术—概论Ⅳ. ①TN929.5

中国版本图书馆 CIP 数据核字(2022)第 136714 号

策　　划　戚文艳
责任编辑　戚文艳
出版发行　西安电子科技大学出版社(西安市太白南路 2 号)
电　　话　(029)88202421　88201467　　邮　编　710071
网　　址　www.xduph.com　　　　　电子邮箱　xdupfxb001@163.com
经　　销　新华书店
印刷单位　陕西精工印务有限公司
版　　次　2022 年 11 月第 1 版　2022 年 11 月第 1 次印刷
开　　本　787 毫米×1092 毫米　1/16　印张 12.5
字　　数　292 千字
印　　数　1～3000 册
定　　价　32.00 元
ISBN　978 - 7 - 5606 - 6572 - 6/TN
XDUP　6874001 - 1

＊＊＊如有印装问题可调换＊＊＊

前　言

目前，5G 应用已经逐渐普及，移动通信技术的发展日新月异，人们对学习移动通信知识的热情日益高涨，很多高校也更加重视移动通信课程的教学。为了帮助读者了解移动通信的基本原理、核心技术以及重要应用，我们编写了《移动通信概论》这本书。本书在编写中力求内容新颖、覆盖面全，突出基本概念、注重工程实际，具有系统性和启发性。

全书共 10 章，分为 3 个部分。第 1 部分(第 1、2 章)介绍移动通信发展及演进过程，以及移动通信信道等基础知识；第 2 部分(第 3、4、5、6 章)重点介绍了组网技术、数字调制技术、抗衰落技术、多址接入技术等移动通信中的关键技术；第 3 部分(第 7、8、9、10 章)详细介绍了 2G、3G、4G 以及 5G 移动通信系统的技术和应用。本书内容由浅到深，知识点层层展开，不仅力求充分体现基本知识，而且尽可能反映新理论和新技术。

本书第 1、9、10 章由张朝贤编写，第 2、4 章由张晓燕编写，第 3、5 章由王晓东编写，第 7、8 章由林斌编写，第 6 章由夏靖波编写，张晓燕负责初稿的修改和定稿，夏靖波负责全书的统编。本书在编写过程中参考了许多专家的著作，在此表示诚挚的谢意。

本书编写得到了福建省自然科学基金项目(编号：2020J01039)的支持。

由于时间紧迫，学识有限，书中难免有不足之处，敬请读者指正。

编者

2022 年 7 月

目　　录

第 1 章　移动通信概述

随着社会的进步和技术的飞速发展,人们在通信方面的消费水平和需求日益提高。传统的电话方式已无法满足信息化的要求。为此,人们发展了形形色色的移动通信方式,以实现及时沟通和信息交流。随着技术的发展和人们需求的牵引,以手机为代表的移动通信终端的价格急剧下降至可被普通百姓阶层接受的水平,有力地促进了移动通信的普及。如今手机已成为人们的必备品和个人数字助理,并大大改变了人们的生活、学习和工作方式,明显增强了人们的信息获取和感知能力,催生了大街小巷的"低头族"一景;移动通信促进了人们跨区域、跨地域乃至跨全球的信息传输,产生了日益深刻的社会文化影响,地球因此而变小,人们的交流更加便捷。可见,移动通信已成为现代通信领域中至关重要的一部分,与此相关的移动通信技术与系统也已成为学习和研究的重要内容。

本章主要介绍移动通信的基本概念、特点、分类及应用系统,并简述其发展概况及相应的标准化组织。

1.1　引　　言

移动通信是指通信双方中至少有一方是处于运动(或暂时停止运动)状态下进行的通信。例如,固定体(固定无线电台、有线用户等)与移动体(汽车、船舶、飞机或行人等)之间、移动体相互之间的信息交换,都属于移动通信。这里的信息交换,不仅指双方的通话,还包括数据、电子邮件、传真、图像等的传递。

移动通信为人们随时随地、迅速可靠地与通信的另一方进行信息交换提供了可能,适应了现代社会信息交流的迫切需要。因此,随着技术的进步,特别是集成电路技术和计算机技术的发展,移动通信得到了迅速发展,并成为现代通信中不可缺少且发展最快的通信手段之一。移动通信系统包括蜂窝移动通信系统、无绳电话系统、无线寻呼系统、集群移动通信系统、卫星移动通信系统等,其中陆地蜂窝移动通信是当今移动通信发展的主流和热点。移动体之间的通信联系只能依靠无线通信;而移动体与固定体之间通信时,除了依靠无线通信技术之外,还依赖于有线通信,如公用电话网(PSTN)、公用数据网(PDN)和综合业务数字网(ISDN)等。

移动通信涉及的范围很广,凡是"动中通"的通信都属于移动通信范畴。限于篇幅,本书重点介绍代表移动通信发展方向、体现移动通信主流技术、应用范围最广的数字蜂窝移动通信技术和系统。

1.1.1　移动通信的特点

与其他通信方式相比,移动通信主要有以下特点。

1. 无线电波传播路径复杂

移动通信中基站至用户之间必须依靠无线电波来传送信息。目前，典型移动通信系统的工作频率在甚高频(VHF，30～300 MHz)和特高频(UHF，300～3000 MHz)范围内。其特点是：传播距离在视距范围内，通常为几十千米；天线短，抗干扰能力强；以直射波、反射波、散射波等方式传播，受地形、地物影响很大，如在移动通信应用面很广的城市中高楼林立、高低不平、疏密不同、形状各异，这些都使移动通信传播路径复杂化，并导致其传输特性变化十分剧烈，如图 1-1 所示。由于以上原因，移动台接收信号是由直射波、反射波和散射波叠加而成的，其强度起伏不定，严重时会影响通话质量。

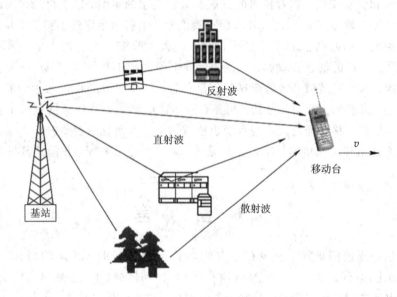

图 1-1 无线电波的多径传播示意图

2. 移动台受到的干扰严重

移动台所受到的噪声干扰主要来自人为的噪声干扰(如汽车的点火噪声、微波炉噪声等)，由于频率较低，风、雨、雪等自然噪声的影响可忽略。

移动通信网中多频段、多电台同时工作，当移动台工作时，往往受到来自其他电台的干扰，主要的干扰有同频干扰、邻道干扰、互调干扰、多址干扰，以及近地无用强信号压制远地有用弱信号的现象等。所以，抗干扰措施在移动通信系统设计中尤为重要。

3. 无线电频谱资源有限

无线电频谱是一种特殊的、有限的自然资源。尽管电磁波的频谱相当宽，但作为无线通信使用的资源，国际电信联盟定义 3000 GHz 以下的电磁波频谱为无线电磁波的频谱。由于受到频率使用政策、技术和可使用的设备等方面的限制，国际电信联盟当前只划分了9 kHz～400 GHz 范围。实际上，目前使用的较高频段只有几十吉赫兹。由于技术水平所限，现有的商用蜂窝移动通信系统一般工作在 10 GHz 以下，所以可用的频谱资源是极其有限的。

为了满足不断增加的用户需求，一方面要开辟和启用新的频段；另一方面要研究各种新技术和新措施，如窄带化、缩小频带间隔、频率复用等方法，新近又出现了多载波传输技术、多人多出技术、认知无线电技术等。此外，有限频谱的合理分配和严格管理是有效利用频谱资源的前提，这是国际上和各国频谱管理机构和组织的重要职责。

4. 对移动设备的要求高

移动设备长期处于不固定状态，外界的影响很难预料，如振动、碰撞、日晒雨淋，这就要求移动设备应具有很强的适应能力，还要求其性能稳定可靠、携带方便、小型、低功耗及能耐高温、低温等。同时，移动设备还应尽量具有操作方便，适应新业务、新技术的发展等特点，以满足不同人群的要求。

5. 系统较复杂

由于移动设备在整个移动通信服务区内能够自由、随机运动，因此需要选用无线信道对其进行频率和功率控制，同时还要应用位置登记、越区切换及漫游等跟踪技术，这就使其信令种类比固定网络要复杂得多。此外，在入网和计费方式上也有特殊要求，所以移动通信系统是比较复杂的。

1.1.2　移动通信系统的组成

移动通信系统是能够在移动体之间，以及固定用户与移动体之间，建立信息传输通道的通信系统。移动通信包括无线传输、有线传输和信息的收集、处理和存储等技术环节，使用的主要设备有无线收发信机、移动交换控制设备和移动终端设备。

得益于需求驱动和技术进步，以集群移动通信系统、小灵通系统为代表的许多移动通信系统的构成与蜂窝移动通信系统越来越相像，所以下面以蜂窝移动通信系统（简称蜂窝系统）为例进行介绍。基本的蜂窝系统组成示意图如图 1-2 所示，它包括移动台（MS）、基站（BS）和移动交换中心（MSC）。MSC 负责将蜂窝系统中的所有移动用户连接到公共交换电话网（PSTN）上。每个移动用户通过无线电和某一基站通信，在通话过程中，可被切换到其他基站。移动台包括收发器、天线和控制电路，有便携式和车载式两种。基站包括几个同时处理全双工通信的发送器、接收器及支撑收发天线的塔台。基站将小区中的所有用户通过线缆（如光纤）或微波线路连接到 MSC。MSC 协调所有基站的工作，并将整个蜂窝系统连接到 PSTN 上。基站与移动用户之间的通信接口称为公共空中接口（CAI）。

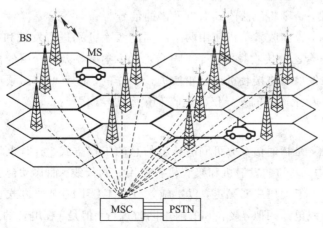

图 1-2　蜂窝移动通信系统组成示意图

移动通信中建立一个呼叫是由 BS 和 MSC 共同完成的。BS 提供并管理 MS 和 BS 之间的无线传输通道；MSC 负责呼叫控制，所有的呼叫都是经由 MSC 建立连接的。

1.1.3　移动通信的工作方式

移动通信的传输方式分单向传输(广播式)和双向传输(应答式)。单向传输只用于无线电寻呼系统。双向传输有单工、双工和半双工三种工作方式。

1. 单工通信

所谓单工通信，是指通信双方电台交替地进行收信和发信。根据收、发频率的异同，又可分为同频单工通信和异频单工通信。单工通信常用于点到点通信，如图 1-3 所示。

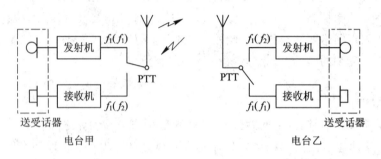

图 1-3　单工通信示意图

同频单工通信，是指通信双方(如图 1-3 中的电台甲和电台乙)使用相同的频率 f_1 工作，发送时不接收，接收时不发送。平常各接收机均处于守候状态，即把天线接至接收机等候被呼。当电台甲要发话时，它就按下其送受话器的按键开关(PTT)，一方面关掉接收机，另一方面将天线接至发射机的输出端，接通发射机开始工作。当确知电台乙接收到载频为 f_1 的信号时，即可进行信息传输。同样，电台乙向电台甲传输信息也使用载频 f_1。同频单工工作方式的收发信机是轮流工作的，故收发天线可以共用，收发信机中的某些电路也可共用，因而电台设备简单、省电，且只占用一个频点。但是，这样的工作方式只允许一方发送时另一方进行接收。例如，在甲方发送期间，乙方只能接收而无法应答，这时即使乙方启动其发射机也无法通知甲方使其停止发送。此外，任何一方当发话完毕时，必须立即松开其按键开关，否则将无法收到对方发来的信号。

异频单工通信，是指收发信机使用两个不同的频率分别进行发送和接收。例如，电台甲的发射频率及电台乙的接收频率为 f_1，电台乙的发射频率及电台甲的接收频率为 f_2。不过，同一部电台的发射机与接收机还是轮换进行工作的，这一点与同频单工通信相同。异频单工通信与同频单工通信的差异仅仅是收发频率的异同而已。

2. 双工通信

所谓双工通信，是指通信双方可同时传输信息的工作方式，有时也称全双工通信，如图 1-4 所示。图中，基站的发射机和接收机各使用一副天线，而移动台通过双工器共用一副天线。双工通信一般使用一对频道，以实施频分双工(FDD)工作方式。这种工作方式使用方便，同普通有线电话相似，接收和发射可同时进行。但是，在电台的运行过程中，不管是否发话，发射机总是工作的，故电源消耗较大，这一点对用电池作电源的移动台而言是不利的。为解决这个问题，在一些简易通信设备中可以采用半双工通信。

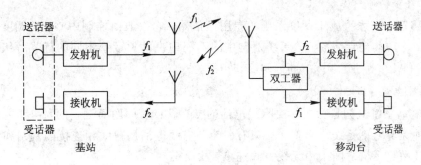

图 1-4　双工通信示意图

3. 半双工通信

半双工通信是移动台采用"按讲"工作方式，基站采用收发同时进行的通话方式。该方式主要用于解决双工通信方式耗电大的问题，其组成与图 1-4 相似，差别在于移动台不采用双工器，而是按下"按讲"开关发射机才工作，而接收机一直处于工作态度。基站工作情况与双工通信方式完全相同。

1.2　移动通信的分类及应用系统

1. 移动通信的分类

移动通信有以下分类方法：

（1）按使用对象可分为民用设备和军用设备。

（2）按使用环境可分为陆地通信、海上通信和空中通信。

（3）按多址方式可分为频分多址（FDMA）、时分多址（TDMA）和码分多址（CDMA）等。

（4）按覆盖范围可分为广域网、城域网、局域网和个域网。

（5）按业务类型可分为电话网、数据网和综合业务网。

（6）按工作方式可分为同频单工、同频双工、异频单工、异频双工和半双工。

（7）按服务范围可分为专用网和公用网。

（8）按信号形式可分为模拟网和数字网。

2. 移动通信的应用系统

移动通信系统形式多样，主要包括以下几种。

1）蜂窝式公用陆地移动通信系统（蜂窝系统）

蜂窝式公用陆地移动通信系统适用于全自动拨号、全双工工作、大容量公用移动陆地网组网，可与公用电话网中任何一级交换中心相连接，实现移动用户与本地电话网用户、长途电话网用户及国际电话网用户的通话接续，还可以与公用数据网相连接，实现数据业务的接续。这种系统具有越区切换、自动或人工漫游、计费及业务量统计等功能。

蜂窝移动通信是当今移动通信发展的主流，它的迅猛发展奠定了移动通信乃至无线通信在当今通信领域的重要地位。

2）集群移动通信系统

集群移动通信系统属于调度系统的专用通信网，它一般由控制中心、总调度台、分调度台、基地台和移动台组成。该系统对网中的不同用户常常赋予不同的优先等级，适用于各个行业（和几个行业合用）中进行调度和指挥。

3）无绳电话系统

无绳电话系统最初是为了解决有线电话的"线缆束缚"问题而诞生的，初期主要应用于家庭。这种无绳电话系统十分简单，只有一个与有线电话用户线相连接的基站和随身携带的手机，基站与手机之间采用无线方式连接，故而得名"无绳"。

后来，无绳电话很快得到商业应用，并由室内走向室外，诞生了欧洲的数字无绳电话系统（DECT）、日本的个人手持电话系统（PHS）、美国的个人接入通信系统（PACS）和我国开发的个人通信接入系统（PAS）等多种数字无绳电话系统。其中 PAS 系统又俗称为"小灵通系统"，它作为以有线电话网为依托的移动通信方式，在我国曾经得到很好的发展。无绳电话系统适用于低速移动、较小范围内的移动通信。

小灵通系统是在日本 PHS 基础上改进的一种无线市话系统，它充分利用已有的固定电话网络交换、传输等资源，以无线方式为在一定范围内移动的手机提供通信服务，是固定电话网的补充和延伸。小灵通系统主要由基站控制器、基站和手机组成，基站散布在办公楼、居民楼之间，以及火车站、机场、繁华街道、商业中心、交通要道等，形成一种微蜂窝或微微蜂窝覆盖。

4）无线寻呼系统

无线寻呼系统是以广播方式工作的单向通信系统，可看作有线电话网中呼叫振铃功能的延伸或扩展。无线寻呼系统既可作为公用寻呼系统，也可作为专用寻呼系统。专用寻呼系统由用户交换机、寻呼中心、发射台及寻呼接收机组成。公用寻呼系统由与公用电话网相连接的无线寻呼控制中心、寻呼发射台及寻呼接收机组成。

5）卫星移动通信系统

卫星移动通信系统是将卫星作为中心转发台，为移动台和手机提供通信服务的通信系统，特别适合于海上、空中和地形复杂而人口稀疏的地区。20 世纪 80 年代末以来，以手机为移动终端的卫星移动通信系统纷纷涌现，其中美国摩托罗拉公司提出的铱星（IRIDIUM）系统是最具代表性的系统。铱星系统是世界上第一个投入使用的大型低地球轨道（LEO）的卫星通信系统，它由距地面 785 km 的 66 颗卫星、地面控制设备、关口站和用户端组成。铱星系统的诞生是人类通信史上的重要事件，它旨在突破现有地面蜂窝系统的局限，通过高空向任何地区、任何人提供语音、数据、传真及寻呼业务，从而实现全球覆盖。然而，尽管铱星系统技术较先进、星座规模较大、投资较多、建设速度较快，可以说是占尽了市场先机，但遗憾的是，由于其手机价格和话费昂贵、用户少、运营成本高，使得运营铱星系统的铱星公司入不敷出，被迫于 2000 年 3 月破产关闭。除铱星系统外，Globalstar（全球星）系统也是一个有代表性的系统，它是美国的一个多国集团公司（LQSS）提出的低轨道卫星移动通信系统，其基本设计思想与铱星系统相同，也是利用 LEO 卫星组成一个覆盖全球的卫星移动通信系统，向世界各地提供语音、数据等业务。Globalstar 有 48 颗卫星，分布在 52°倾角的 8 条轨道上。该系统与铱星系统的最大区别是无星上交换和星际链路，依赖地面网络通信，因此整个系统造价和运营成本费用较铱星系统便宜很多。

6）无线 LAN

无线 LAN 是无线通信的一个重要领域，它支持小范围、低速的游牧移动通信。IEEE 802.11、802.11a/802.11b 以及 802.11g 等标准已相继出台，为无线局域网提供了完整的解决方案和标准。随着人们需求的增长和技术的发展，无线局域网的移动性逐渐增强，已在解决人口密集区的移动数据传输问题上显现出优势，成为移动通信的一个重要组成部分。

1.3　移动通信的发展概况

1.3.1　移动通信的发展简史

可以认为移动通信从 1898 年 M. G. 马可尼完成无线通信试验时就产生了。而现代移动通信技术的发展是从 20 世纪 20 年代开始的，其代表——蜂窝移动通信大致经历了 8 个阶段。

第 1 阶段从 20 世纪 20 年代至 40 年代，为早期发展阶段。在这期间，首先在短波几个频段（2 MHz）上开发出专用移动通信系统，其代表是美国底特律市警察使用的车载无线电系统。这个阶段可以认为是现代移动通信的起步阶段，这个系统是专用系统，工作频率较低。

第 2 阶段从 20 世纪 40 年代中期至 60 年代初期。在此期间，公用移动通信业务问世。1946 年，根据美国联邦通信委员会（FCC）的计划，贝尔电话实验室在圣路易斯城建立了世界上第一个公用汽车电话网，称为"城市系统"。该系统的频率范围是 35～40 MHz，采用 FM 调制。随后，德国（1950 年）、法国（1956 年）、英国（1959 年）等相继研制了公用移动电话系统。美国贝尔实验室解决了人工交换系统的接续问题。这一阶段的特点是从专用移动通信网向公用移动通信网过渡，接续方式为人工，网络的容量较小。

第 3 阶段从 20 世纪 60 年代中期至 70 年代中期。在此期间，美国推出了改进型移动电话系统（IMTS），采用大区制、中小容量，实现了无线频道自动选择并能够自动接续到公用电话网。德国也推出了具有相同技术水平的 B 网。可以说，这一阶段是移动通信系统的改进与完善阶段，其特点是采用大区制、中小容量，实现了自动选频与自动接续。

第 4 阶段从 20 世纪 70 年代中期至 80 年代中期。这是移动通信蓬勃发展的时期。1978 年底，美国贝尔实验室成功研制出先进移动电话系统（AMPS），建成了蜂窝移动通信网，大大提高了系统容量。1979 年，日本推出 800 MHz 汽车电话系统（HAMTS），在东京、大阪、神户等地投入商用。1985 年，英国开发出全接入通信系统（TACS），首先在伦敦投入使用，以后相继覆盖了全国。同时，加拿大推出移动电话系统（MTS）。瑞典等北欧四国于 1980 年开发出 NMT-450 移动通信网，并投入使用。这一阶段的特点是蜂窝移动通信网实用化，并在世界各地迅速发展，形成了所谓的第一代移动通信系统。移动通信大发展的原因，除了用户需求迅猛增加这一主要推动力之外，还有其他几方面技术的发展所提供的条件。首先，微电子技术在这一时期得到长足发展，这使通信设备的小型化、微型化有了可能，各种轻便电台被不断地推出。其次，出现了移动通信新体制。随着用户数量的增加，大区制所能提供的容量很快饱和，这就必须探索新体制。在这方面最重要的突破是贝尔实验室在 20 世纪 70 年代提出的蜂窝网概念。蜂窝网即所谓的小区制，由于实现了频率复用，系统容量得到明显提高。可以说，蜂窝网技术有效解决了公用移动通信系统要求容量大与频率资源有限的矛盾。最后，随着微处理器技术的日趋成熟，以及计算机技术的迅猛发展，大型通信网的管理与控制有了强有力的技术手段。

第 5 阶段从 20 世纪 80 年代中期开始。以 AMPS 和 TACS 为代表的第一代蜂窝移动通信网是模拟系统。模拟蜂窝网虽然取得了很大成功，但也暴露了一些问题。例如，频谱利用率低，移动通信设备复杂，费用较高，业务种类受到限制，以及通话易被窃听等，最主要的问题是其容量已不能满足日益增长的移动用户需求。解决这些问题的方法是开发新一代数字蜂窝系统，即第二代移动通信系统。数字无线传输的频谱利用率高，可大大提高系统容量。另外，数字网能提供语音、数据等多种业务，并与 ISDN 兼容。第二代移动通信以 GSM 和窄带 CDMA(N-CDMA)两大移动通信系统为代表。事实上，在 20 世纪 70 年代末期，当模拟蜂窝系统还处于开发阶段时，一些发达国家就着手研究数字蜂窝系统。到 20 世纪 80 年代中期，为了打破国界，实现漫游通话，欧洲首先推出了泛欧数字移动通信网(GSM)体系。GSM 系统于 1991 年 7 月开始投入商用，并很快在世界范围内获得了广泛认可，成为具有现代网络特征的通用数字蜂窝系统。由于美国的第一代模拟蜂窝系统尚能满足当时的市场需求，所以美国数字蜂窝系统的实现晚于欧洲。为了扩大容量，实现与模拟系统的兼容，1991 年，美国推出了美国第一套数字蜂窝系统(UCDC，又称 D-AMPS)，UCDC 标准是美国电子工业协会(EIA)的数字蜂窝暂行标准，即 IS-54，它提供的容量是 AMPS 的 3 倍。1995 年美国电信工业协会(TIA)正式颁布了窄带 CDMA(N-CDMA)标准，即 IS-95A 标准。IS-95A 系统是美国第二套数字蜂窝系统。随着 IS-95A 的进一步发展，TIA 于 1998 年制定了新的标准 IS-95B。另外，还有 1993 年日本推出的采用 TDMA 多址方式的太平洋数字蜂窝(PDC)系统。

第 6 阶段从 20 世纪 90 年代中期开始到 21 世纪初。伴随着对第三代移动通信(3G)的大量研究，1996 年底国际电联(International Telecommunication Union，ITU)确定了第三代移动通信系统的基本框架。2001 年，多个国家相继开通了 3G 商用网，标志着第三代移动通信时代的到来。3G 系统也被欧洲的电信业巨头们称为 UMTS(通用移动通信系统)。3G 系统能够将语音通信和多媒体通信相结合，其增值服务包括图像、音乐、网页浏览、视频会议以及其他一些信息服务，其主流标准有北美和韩国的 CDMA2000、欧洲国家和日本的 WCDMA、中国的 TD-SCDMA。3G 系统与现有的 2G 系统不同，3G 系统采用 CDMA 技术和分组交换技术，而不是 2G 系统通常采用的 TDMA 技术和电路交换技术。与 2G 系统相比，3G 支持更多的用户，实现更高的传输速率(如室内低速移动场景下数据速率达 2 Mb/s)。与此同时，IEEE 组织推出的宽带无线接入技术也从固定向移动化发展，形成了与移动通信技术竞争的局面。为应对"宽带接入移动化"的挑战，同时为了满足新型业务需求，2004 年底第三代合作伙伴项目(3rd Generation Partnership Project，3GPP)组织启动了长期演进(Long Term Evolution，LTE)的标准化工作。

第 7 阶段从 21 世纪前 10 年代中期开始。在推动 3G 系统产业化和规模商用化的同时，LTE 项目持续演进。2005 年 10 月，国际电联正式将 B3G/4G(后三代/第四代)移动通信统一命名为 IMT-Advanced(International MobileTelecommunication-Advanced)，即第四代移动通信。IMT-Advanced 技术需要实现更高的数据速率和更大的系统容量，能够提供基于分组传输的先进移动业务，显著提升 QoS 的高质量多媒体应用能力，满足多种环境下用户和业务的需求，支持从低到高的移动性应用和很宽的数据速率，在低速移动、热点覆盖场景下数据速率达 1 Gbit/s 以上，在高速移动和广域覆盖场景下达 100 Mbit/s。2008 年 3月，国际电联开始征集 IMT-Advanced 无线接入技术标准，3GPP 和 IEEE 等国际标准化组织分别提出了 LTEA(LTE-Advanced 的简写)和 IEEE802.16m，其中 LTE-A 包括 FDD 和 TDD 两部分；2012 年 1 月 20 日，国际电联会议正式审议通过将 LTE-A 和 IEEE 802.16m 技术规范作为国际标准，我国主导的 TD-LTE-A 同时成为国际标准，也标志着我国在移动通信标准领域走到世界前列，是我国通信历史上又一个里程碑式的重要成果。

第 8 阶段从 21 世纪 20 年代开始。移动互联网和物联网是 5G 发展的最主要的驱动力，移动互联网主要面向以人为主体的通信，注重提供更好的用户体验。物联网主要面向物与物、人与物的通信，不仅涉及普通个人用户，也涵盖大量不同类型的行业用户。为了满足移动互联网和物联网业务的快速发展，5G 系统将面临巨大挑战。2015 年 9 月，国际电信联盟(ITU)发布了 ITU-RM.2083《IMT 愿景：5G 架构和总体目标》，正式明确了 5G 的愿景是"万物互联"。在该愿景之下，5G 主要包括三大类应用场景，即增强移动宽带(eMBB)、低时延高可靠通信(URLLC)、海量机器类通信(mMTC)。eMBB 主要面向人与人之间的通信(当前移动宽带服务的增强)，URLLC 主要面向人与物之间的通信(如远程控制等人机交互)，mMTC 主要面向物与物之间的通信(如物联网设备间的通信)。但需要指出的是，将 5G 应用场景分为这三类是人为的设定，其主要目的是简化技术标准的制定。实际上，现实社会中有许多用例并不能完全匹配以上场景。例如可能有一些服务需要非常高的可靠性，但是对于时延的要求并不高。同样，在某些场景下，设备的成本可能非常低，但对设备电池寿命的要求就没有那么高。从更广义的角度来看，前四代移动通信主要还是面向人与人之间的通信。而 5G 的应用场景则被赋予了更丰富的内涵，得到了极大的扩展。人与人、人与物、物与物，三大场景的结合，共同支撑起 5G"万物互联"的愿景。

2015 年，3GPP 启动 5G 用例研究，明确 5G 的潜在用例，以及相关用例对 5G 的功能要求，从而作为对 5G 系统设计和标准制定的指引。在此前后，由运营商发起的下一代移动通信网(NGMN)平台、全球移动通信系统协会(GSMA)、欧洲的 5G 研究计划 5G-PPP、中国的 IMT-2020、日本的 ARIB 等也就 5G 的愿景、用例展开了研究与预测。根据 ARIB等提出的移动数据增长预测，2020 年至 2025 年之间，移动数据流量将比 2010 年 4G 初期增长 1000 倍，5G 技术必须能够有效应对这种增长。显然，以 1000 倍的资源消耗来支持1000 倍的数据量增长是不现实的。因此，相比于前几代移动通信系统，5G 必须实现更高的效率。除了快速增长的数据量，设备数量也在持续增长。业界对物联网中连接设备数量的预期存在差异。但所有预测都表明，5G 时代将实现数十亿个设备的连接。

1.3.2　我国移动通信的发展

我国移动通信电话业务的发展始于 1981 年，当时采用的是早期的 150 MHz 系统，8个信道，能容纳的用户数只有 20 个。随后相继发展的有 450 MHz 系统，如重庆市电信局首期建设的诺瓦特系统、河南省交通厅建成的 MAT-A 系统等。1987 年，我国在上海首次开通了 TACS 制式的 900 MHz 模拟蜂窝移动电话系统；同年 11 月，广东省也建成开通了珠江三角洲的 900 MHz 模拟蜂窝移动电话系统。1994 年 9 月，广东省首先建成了 GSM 数字移动通信网，初期容量为 5 万户，于同年 10 月开始试运行。1996 年，我国研制出自己的数字蜂窝系统全套样机，完成了接入公众网的运行试验，并逐步实现了产业化开发。1996 年 12 月，广州建起我国第一个 CDMA 试验网。1997 年 10 月，广州、上海、西安、北京 4 个城市通过了 CDMA 试验网漫游测试，同年 11 月，北京试验点向社会开放。2005 年 6 月，我国完成了 WCDMA、CDMA2000 和 TD-SCDMA 三大系统的网络测试，为商用化做好了准备。2009 年 1 月，工业和信息化部正式向中国移动、中国联通和中国电信三大运营商发放 3G 牌照，标志着中国正式进入 3G 时代。2013 年 12 月，工业和信息化部向三大运营商发放了 4G 牌照，4G 商用化得以快速推进。

经过三十几年的发展，我国已建成了覆盖全国的移动通信网，2006 年年底全国移动电话用户数已超过 4.5 亿户，而且已经连续几年以每年千万计的速度增长；2009 年年底，全国移动电话用户数达到 7.47 亿户；2012 年 2 月，全国移动电话用户数突破 10 亿，其中 3G 用户数达 1.44 亿户；2021 年年底，全国移动电话用户数达到 16.43 亿户，普及率为 116.3 部/百人。移动通信业务从初期的单纯语音业务逐步发展成为包括短信业务、数据业务、预付费和 VPN(虚拟专用网)等智能业务在内的多元化业务结构。

我国无线寻呼业务的发展晚于移动电话业务，最早开办于 1984 年，其发展速度和普及率曾经独领风骚。在无线寻呼业务的高峰期，全国用户数的年增长幅度曾达 150%，1999 年 6 月底在我国无线寻呼用户数达到 7268 万户，位居世界第一。但 1998 年后，随着蜂窝移动通信网短信业务的开通和普及，无线寻呼业务逐步萎缩。

公众无绳电话也曾在一些城市中得到发展，但真正的大发展始于 1998 年浙江杭州市余杭区在国内首先开通由无绳电话发展而来的"小灵通"系统。这种通信系统是基于无线接入的市话系统，因资费便宜、手机价格低等因素得到迅速发展，2005 年 8 月全国小灵通用户数达到 8200 万户，但随后开始受到蜂窝移动电话资费下降的挑战，面临危机。2009 年 2 月，工业和信息化部发文要求占用 1900～1920 MHz 频段的小灵通三年内退出市场，曾经红火一时的小灵通已淡出市场。

移动通信系统还有其他一些应用形式，例如，800 MHz 集群系统从 1990 年 5 月开始由上海邮电部门率先引进而开始应用。

我国移动通信技术经历了"第一代移动通信空白、第二代移动通信跟随、第三代移动通信有所突破、第四代移动通信进入先进行列、第五代移动通信引领全球"的发展过程。从 2020 年开始，我国全面推进第五代移动通信(5G)商用，率先提出了 5G 概念、技术路线，完成了 5G 的愿景与需求研究，并发布了 5G 无线和网络技术架构等白皮书，正在加速推进 5G 技术的持续演进，力争成为 5G 的全球引领者。

1.3.3　移动通信的发展趋势

目前的移动通信发展速度令人震惊，已广泛应用于国民经济的各个部门和人们生活的各个领域中，诸如在线上网、社交网络、在线音乐、在线游戏、手机银行和手机视频等新型业务成为时尚，不断地推动着人们生活方式和生产方式的改变。据统计，2006 年 9 月全球移动电话数已超过 27 亿，移动通信行业在全球达到第一个 10 亿用户经过了 20 年，而达到第二个 10

亿用户仅仅经历了 3 年时间。而从 2005 年年底至 2006 年年底短短一年的时间，全球新增移动通信用户数量就高达 5 亿。根据 Bankmycell 统计数据显示，2016—2021 年全球手机用户总规模呈现稳定的逐步上升的趋势，每年增长率基本保持在 2％以上，2020 年全球手机用户数为 47.8 亿户，同比上升 2.14％，占全球人口的 61.65％。移动通信发展的这种变化实质反映了人类对移动性、个性化和感知能力拓展的需求在急剧增加，迎合了当今人类社会快节奏生活的需要。

市场的强劲需求极大地推进了移动通信技术的发展，并提升了移动通信在未来通信中的地位。从技术角度看，移动通信将向宽带化、分组化、智能化、数据化的方向发展，具体体现在以下几个方面：

(1) 宽带化是通信技术发展的重要方面之一，随着光纤传输技术的进一步发展，有线网络的宽带化正在世界范围内全面展开，而移动通信技术为适应宽带数据业务的爆炸式增长趋势也正朝着无线接入宽带化的方向演进。

(2) 随着网络中数据业务量主导地位的形成，从传统的电路交换网络逐步转向以分组交换特别是以 IP 为基础的网络是发展的必然，数据化成为现实，移动通信提供的业务将从以传统的语音业务为主向提供数据服务的方向发展。

(3) 移动通信网络结构正在经历一场深刻的变革，分组化是演进方向，未来网络将是一个全 IP 的分组网络，同时在业务控制分离的基础上，网络呼叫控制与核心交换传输网将进一步分离，促使网络结构趋于分为业务应用层、控制层以及由网络和接入网组成的网络层。

(4) 为了适应通信业务多样化、网络融合化的发展要求，以及通信的主体将从人与人之间的通信扩展到人与物、物与物之间通信的趋势，移动通信终端智能化的要求越来越高。未来的终端不仅拥有一般的通话功能，其功能和形态将会极大拓展，现已深入休闲、娱乐、办公、旅游、支付、银行、医疗、健康、出行、智能家居控制等各个方面。

1.4　相关标准化组织

移动通信的迅猛发展带来了通信技术的日新月异。为了使通信系统的技术水平能综合体现整个通信技术领域已经发展到的高度，移动通信的标准化就显得十分重要。没有技术体制的标准化就不能把多种设备组成互联的移动通信网络，没有设备规范和测试的标准化，也就无法进行大规模生产。在当今的国际竞争中，"技术专利化、专利标准化、标准国际化"成了知识产权领域新的游戏规则。正因为如此，国际上对移动通信的标准化非常重视。一些财力雄厚的运营公司，为了在未来通信领域占有更多市场，或者为了使未来通信系统能与其当前生产的移动通信产品互相兼容，或者为了使其当前产品能平稳过渡到未来移动通信系统等原因，都对未来移动通信体制的标准化特别关注和热心。下面对几个主要的标准化组织及其活动作简要介绍。

1.4.1　国际无线电标准化组织

国际无线电标准化工作主要由国际电信联盟（ITU）负责。ITU 成立于 1865 年，它是设立于日内瓦的联合国组织，下设 4 个永久性机构：综合秘书处、国际频率登记局（IFRB）、国际无线电咨询委员会（CCIR）以及国际电话电报咨询委员会（CCIT）。国际频率登记局（IFRB）的职责一是管理带国际性的频率分配；二是组织世界管理无线电会议

(WARC)。WARC 是为了修正无线电规程和审查频率注册工作而举行的。最近分别于
1992 年、1997 年和 2002 年举行,会上曾做出涉及无线电通信发展的有关决定。国际电话
电报咨询委员会(CCIT)提出设备建议,如在有线电信网络中工作的数据 Modem,还通过
其不同的研究小组提出了许多与移动通信有关的建议,如编号规划、位置登记程序和信令
协议等。国际无线电咨询委员会(CCIR)为 ITU 提供无线电标准的建议,研究内容侧重于
无线电频谱利用技术和网间兼容的性能标准和系统特性。CCIR 的第八研究组负责审查所
有移动通信业务的建议,包括陆地、航空、卫星、海事和业余无线电。1993 年 3 月 1 日,
ITU 进行了一次组织调整。调整后的 ITU 分为 3 个部门:无线通信部门(ITU-R,以前的
CCIR 和 IFRB)、电信标准化部门(ITU-T,以前的 CCIT)和电信发展部门(ITU-D)。

1.4.2　欧洲通信标准化组织

欧洲通信标准协会(ETSI)成立于 1988 年,其主要职责是制定欧洲地区性标准,以实
现开放、统一、竞争的欧洲电信市场。ETSI 下设服务与设备、无线电接口、网络形式和数
据等分会,还有一个研究无绳电话系统的无线电小组。虽然 ETSI 感兴趣的工作大部分属
于蜂窝和无绳系统,但也有属于 WLAN 范围的标准化活动,其中的 RES-10 分会已定义了
一种传输速率为 20 Mb/s 以上的高性能欧洲无线局域网(HiperLAN)。

1.4.3　北美地区的通信标准化组织

由美国负责的移动通信标准化的组织是电子工业协会(EIA)和电信工业协会(TIA)
(后者是前者的一个分支)。此外,还有一个蜂窝电信工业协会(CTIA)。1988 年末,TIA 应
CTIA 的请求组建了数字蜂窝标准的委员会 TR45,来自美国、加拿大、欧洲国家和日本的
制造商参加了这个组织。TR45 下属的各个分会开始对用户需求、调制技术、多址方式以
及用于信令、语音数字化和在数字系统中提供数据服务的建议进行了评估。1992 年 1 月,
EIA 和 TIA 发布了数字蜂窝系统的临时标准,它定义了用于蜂窝移动终端和基站之间的
空中接口标准(EIA92)。当 TIA 的分会 TR45.3 正在评估数字蜂窝系统是否采用 FDMA
或 TDMA 多址方式的同时,Qualcomm 公司开始开发一种基于扩展频谱码分多址的数字
蜂窝系统。Qualcomm 公司没有参加 TR45.3 组织策划 IS-54 TDMA 标准的工作,而是致
力于开发自己的系统,并于 1990 年完成了为运营者评估的现场实验。其后,TIA 组成一个
新的分会 TR45.5,开始研究基于 Qualcomm CDMA 系统的蜂窝标准,并于 1993 年 7 月
18 日发布了 CDMA 蜂窝系统的空中接口标准 IS-95 CDMA。与此同时,在美国的几个组
织制定了个人通信业务(PCS)标准,这些组织包括美国国家标准协会(ANSI)的电信委员
会 T1 所属分会 T1E1 和 T1P1、TR45 的微蜂窝分会 TR45.4 和 ITU 的无线标准小组在美
国的分部。T1 的工作主要集中于定义服务、信令结构、网络接口和总体工程等方面。
TR45.4 的工作是开发基于蜂窝信令和技术的 PCS 系统。

1.4.4　IEEE 802 标准委员会

美国电气和电子工程师学会(IEEE)在制定局域网标准中起了很大作用,它成立于 1884
年。许多 IEEE 802 标准都成为国际标准。IEEE 802 委员会下设了许多制定专题标准的分组
委员会,如宽带技术(IEEE 802.7)、光纤技术(IEEE 802.8)、无线接入网技术等。涉及无线接
入技术的有 IEEE802.11、IEEE 802.15 和 IEEE 802.16。由于无线接入方式具有便捷灵活,并

支持移动性等优点，无线接入技术得到了人们的广泛关注。IEEE 802 标准体系涵盖了从几米范围的无线个域网（WPAN）到几十千米的无线广域网（WWAN）。1997 年 IEEE 802.11 标准组颁布了第一个无线局域网（WLAN）标准（IEEE 802.11 WLAN 标准），用于提供 1～2 Mb/s 的数据传输速率。1998 年 7 月，经过多次修改之后，IEEE 802.11 标准组决定选用 OFDM（工作于 5 GHz 频段）作为它的物理层标准，目标是提供 6～54 Mb/s 的数据传输速率。1999 年 9 月，IEEE 802.11 标准组通过了两种新的无线局域网物理层接口，分别是 IEEE 802.11a 和 IEEE 802.11b 标准。其中 IEEE 802.11a 工作在 5 GHz 频段，可提供 6～54 Mb/s 的数据传输速率，IEEE 802.11b 标准仍然工作在 2.4 GHz 频段，最大可提供 10 Mb/s 的数据传输速率。无线局域网是固定局域网的一种延伸，是计算机网和无线通信技术相结合的产物，已在家庭、企业、商业热点地区等处得到应用并显露出优越性。为了弥补无线局域网在小区域和大区域覆盖的不足，在无线局域网提出后，人们又提出了无线个域网（WPAN）、无线城域网（WMAN）和无线广域网（WWAN）等标准。无线个域网是继 WLAN 之后提出的概念，主要是解决覆盖范围在 10 m 以内的短距离无线多媒体传输问题，用于实现网络的"随身带"，相应的标准是 IEEE 802.15 标准。无线城域网是以无线方式将城域范围的用户接入互联网，覆盖范围可以从几百米到几十千米，并支持移动接入，相应的标准是 IEEE 802.16，其系统是与 ADSL、铜缆处于同一位置的接入系统。无线广域网是基于 IP 的移动宽带无线接入网络，其目标是提供高度优化的移动解决方案，保证在最高移动速度达 250 km/h 的情况下能正常使用，相应的标准是 IEEE 802.20。

1.4.5　中国通信标准化协会

中国通信标准化协会（China CommunicationsStandards Association，CCSA）成立于 2002 年 12 月，负责开展通信技术领域的标准化工作。CCSA 下设 IP 与多媒体通信、移动互联网应用协议特别组、网络与交换、通信电源与通信局站工作环境、无线通信、传送网与接入网、网络管理与运营支撑、网络与信息安全、电磁环境与安全防护技术等技术工作委员会。

无线通信技术工作委员会是由 1999 年成立的原无线通信标准研究组过渡而来的，简称为 CWTS（China Wireless Telecommunications Standards）。CWTS 下设 8 个工作组，即第一工作组（IMI-2000RAN）、第二工作组（GSM&UMTS CN）、第三工作组（WLAN）、第四工作组（CDMAOne&CDMA2000）、第五工作组（3G 网络安全与加密）、第六工作组（B3G）、第七工作组（移动业务与应用）和第八工作组（频率）。CWTS 作为代表中国的区域性标准化组织，在制定 3G、3G-LTE 和 4G 标准方面取得了一系列很有影响的工作，如 1999 年底 CWTS 提出的 TD-SCDMA 成为 3G 国际标准；2012 年初我国主导的 TD-LTE 被接纳为 IMT-Advanced 国际标准（即 4G 国际标准）等。

此外，世界上还有许多国家为适应移动通信的发展，纷纷成立了一些标准化组织，如无线世界研究论坛（Wireless World Research Forum）、下一代移动通信论坛（Next Generation Mobile Communications Forum）等，这里不再列举。

国际上有关移动通信的建议和标准，通常是全球或地区范围内许多研究部门、生产部门、运营部门和使用部门中许多专家的集体创作的，它标志着移动通信的发展动态和方向，也体现了移动通信的市场需求和综合技术水平。此外，它对移动通信的发展起到了导向作用，也为各国制定移动通信发展规划提供了依据。

第 2 章　移动通信信道

移动通信信道是移动用户在各种环境中进行通信时使用的无线电波传播通道。从发射机天线到接收机天线，无线电波的传播有直射、反射、折射、绕射等多种途径，它们可能部分存在或同时存在，呈现随机性。移动通信信道在各种通信信道中是最为复杂的一种，它会引起接收信号在相应的时间域、频率域及空间域产生选择性的衰落，而这些衰落不但会严重恶化移动通信系统的传输可靠性，还会明显降低移动通信系统的频谱效率。因此，为实现优质可靠的通信，必须采用相应的一系列技术措施，而要保证所用技术的有效性，掌握移动通信信道特性是基础。

移动通信信道研究的基本方法有理论分析、现场电波传播实测和计算机仿真三种。其中，第一种是利用电磁场理论或统计理论分析无线电波在移动环境中的传播特性，并用不同近似得出的数学模型来描述移动通信信道，其不足是数学模型往往过于简化导致应用范围受限；第二种是通过在不同的电波传播环境中的实测试验，得出包括接收信号幅度、时延及其他反映信道特征的参数，其不足是费时费力且往往只针对某个特定传播环境；第三种是通过建立仿真模型，用计算机仿真来模拟各种无线电波传播环境。随着计算技术的发展，计算机仿真方法由于能够快速模拟出各种移动通信信道，因而得到越来越多的应用。

2.1　分类和特点

通信信道是通信网中数据传输的通路，一般分为物理信道和逻辑信道。物理信道是指用于传输数据信号的物理通路，它由传输介质与有关通信设备组成；逻辑信道是指在物理信道的基础上，发送与接收数据信号的双方通过中间节点所实现的逻辑通路。

与其他通信信道相比，移动通信信道是最为复杂的一种。因为移动通信靠的是无线电波的传播，多径衰落和复杂恶劣的无线电波传播环境是移动通信信道区别于其他有线信道最显著的特征，这是由运动中进行无线通信这一方式本身所决定的。在典型的城市环境中，一辆快速行驶的汽车上的移动台所接收到的无线电信号，在 1 s 之内的显著衰落可达数十次，衰落深度可达 20～30 dB，这种衰落现象将严重降低了接收信号的质量，影响通信的可靠性。为了有效地克服衰落带来的不利影响，必须采用各种抗衰落技术，包括分集接收技术、均衡技术和纠错编码技术等。

移动信道具有传播的开放性、接收环境的复杂性和用户的随机移动性。

所有信道都有一个输入集 A，一个输出集 B，以及两者之间的映射关系，如条件概率 $\{P(y|x),(x\in A,y\in B)\}$，这些参量可用来规定一条信道。输入集是信道所容许的输入符号的集，通常输入的是随机序列，如 $x_1,x_2,\cdots,x_n,\cdots$，其中 $x\in A(n=1,2,\cdots)$。随机过程在限时或限频的条件下均可化为随机序列，在规定输入集 A 时，也包括对各随机变量 x 的限制，如功率限制等。输出集是信道可能输出的符号的集，

如输出序列为 y_1，y_2，$\cdots$，y_n，$\cdots$，若中 $y \in B$。输入序列 x 和输出序列 y 可以是数或符号，也可以是一组数或矢量。

按输入集和输出集的性质，可划分信道类型，当输入集和输出集都是离散集时，称信道为离散信道，电报信道和数据信道就属于这一类。当输入集和输出集都是连续集时，称信道为连续信道，电视和电话信道属于这一类。当输入集和输出集中一个是连续集、另一个是离散集时，则称信道为半离散信道或半连续信道，连续信道加上数字调制器或数字解调器后就是这类信道。

输入和输出之间有一定的概率联系，信道中一般都有随机干扰，因而输出符号和输入符号之间常无确定的函数关系，需用条件概率 $P(y_1, y_2, \cdots, y_n | x_1, x_2, \cdots, x_n)$ 来表示。其中 x 和 y 分别是输入随机序列和输出随机序列的样本，且 $x \in A$，$y \in B$。信道的无记忆表示某个输出量 y 只与相应的输入量 x 有关，而与前后的输入量无关。当只与前面有限个输入量有关时，可称为有限记忆信道；而信道的输出量与前面无限个输入量有关，但关联性随间隔加大而趋于零时，可称为渐近有记忆信道。此外，当上式中的 P_1，P_2，$\cdots$ 条件概率是同样的函数时，称为平稳信道。这也适用于有记忆信道，即变量的时间顺序推移时，条件概率的函数形式不变。

若输入和输出都是单一的，这类信道被称为单用户信道，当输入或输出不止一个时，称为多用户信道，也就是几个用户合用同一个信道。但当几个用户的信息通过复用设备合并后再送入信道时，这个信道仍为单用户信道。只有当这个信源分别用编码器变换后再一起送入信道，或在信道的输出上接有几个译码器分别提取信息给信宿，也就是信道的输入端或输出端不止一个时，才称为多用户信道。

当有多个输入端 x_a，x_b，$\cdots$，而输出只有一个时，称为多址接入信道，它可用条件概率 $P(y | x_a, x_b, \cdots)$ 来定义。当只有一个输入 x，而输出有几个 y_a，y_b，$\cdots$ 时，就称为广播信道，可用条件概率 $P(y_a | x)$，$P(y_b | x)$，$\cdots$ 来定义。广播信道还有一个特例称为退化型广播信道，此时各条件概率应满足：x，y_a，y_b，y_c，$\cdots$ 组成马尔可夫链。对于正态无记忆平稳连续信道而言，其条件概率 $P(y | x)$ 为正态分布，这种信道常简称为高斯信道。

信道是移动通信理论和信息论中的一个重要概念。信道是用来传送信息的，所以理论研究关注的是能无错误地传送信息的最大信息率（也就是计算信道容量），证明这样的信息率是能达到或逼近的，同时能够清楚地描述其实现方法，这一些问题都可以归结为信道编码问题，克劳德·艾尔伍德·香农博士所建立的信息论就是用来提出和解决这些问题的。

2.2　无线电波的传播理论

1861 年，麦克斯韦在他递交给英国皇家学会的论文《电磁场的动力理论》中阐明了电磁波传播的理论基础。赫兹（Heinrich Rudolf Hertz）在 1886 年间首先通过试验验证了麦克斯韦的理论，并证明了无线电辐射具有波的所有特性，并发现电磁场方程可以用偏微分方程表达，即波动方程。

2.2.1　无线电波的传播特性

无线电波是电磁波的一种，一般是指在自由空间（包括空气和真空）传播的射频频段的电磁波，其频率范围为 3～300000000 kHz。电磁波包含很多种类，按照频率从低到高的顺序排列为无线电波、红外线、可见光、紫外线、X射线及 γ 射线。

频率越低，传播损耗越小，覆盖距离越远，绕射能力也越强。但是低频段的频率资源
紧张，电波的系统容量有限，因此低频段的无线电波主要应用于广播、电视、寻呼等系统。
高频段频率资源丰富，系统容量大。但是频率越高，传播损耗越大，覆盖距离越近，绕射能
力越弱。另外，频率越高，技术难度也越大，系统的成本相应提高。

无线电波的速度只随传播介质的电和磁的性质而变化。无线电波在真空中传播的速
度，等于光在真空中传播的速度，因为无线电波和光均属于电磁波。空气的介电常数与真
空很接近，略大于 1，因此无线电波在空气中的传播速度略小于光速，通常我们近似认为
就等于光速。

2.2.2　无线电波的频谱划分

根据无线电波的波长(或频率)，无线电波被划分为不同的波段(或频段)，具体波段划
为如表 2-1 所示。

表 2-1　无线电波划分波段表

频段号	频段名称	频段范围	传播方式	传播距离	米制划分	可利用范围
4	甚低频(VLF)	3~30 kHz	波导	几千千米	万米波	世界范围长距离无线电导航
5	低频(LF)	30~300 kHz	地波、天波	几千千米	千米波	长距离无线电民航战略通信
6	中频(MF)	300~3000 kHz	地波、天波	几千千米	百米波	中等距离点到点广播和水上移动
7	高频(HF)	3~30 MHz	地波、天波	几百千米以内	十米波	长和短距离点到点全球广播，移动通信
8	甚高频(VHF)	30~300 MHz	对流层散射绕射	几百千米以内	米波	短和中距离点到点移动通信，LAN声音和视频广播个人通信
9	特高频(UHF)	300~3000 MHz	空间波、对流层散射绕射、视距	100 km以内	分米波	短和中距离点到点移动通信，LAN声音和视频广播，个人通信，卫星通信
10	超高频(SHF)	3~30 GHz	视距	30 km左右	厘米波	短和中距离点到点移动通信，LAN声音和视频广播，移动通信，个人通信，卫星通信
11	极高频(EHF)	30~300 GHz	视距	20 km	毫米波	短和中距离点到点移动通信，LAN个人通信，卫星通信

无线电波按波长可以分为长波、中波、短波、超短波。长波主要采用地波传输，可以实施远距离通信，传输距离最远可以达到 1 万千米以上。中波、短波一般采用天波传输（电离层反射），可以用来传输广播信号，中波和短波的传输距离要比长波短，一般有几百到几千千米。微波一般采用视距传输（直线），可以用来传输电视信号，电视信号所属微波传输距离比较短，一般在几十到一两百千米，所以在没有卫星电视的年代，需要通过微波中继站，一站一站地接力传输。微波波长很短，波长极短的微波用于雷达测距和卫星通信，雷达探测距离长短与波长、输出功率有关系，像输出功率极大的地面大型雷达站甚至可以探测 4000~5000 km 外的目标。

2.2.3. 无线电波的主要应用

航海和航空中使用的语音电台一般应用 VHF 调幅技术，这使得飞机和船舶上可以使用轻型天线；政府、消防、警察和商业使用的电台通常在专用频段上应用窄带调频技术。民用或军用高频语音服务使用短波，用于船舶、飞机或孤立地点间的通信。陆地中继无线电（Terrestrial Trunked Radio，TETRA）是一种为军队、警察、急救等特殊部门设计的数字集群电话系统。无线电紧急定位信标、紧急定位发射机或个人定位信标是用来在紧急情况下，通过卫星对人员进行定位的小型无线电发射机，它们的作用是给救援人员提供目标的精确位置，以便提供及时的救援。雷达通过测量反射无线电波的延迟来推算目标的距离，并通过反射波的极化和频率感应目标的表面类型。微波炉利用高功率的微波对食物加热。无线电波可以产生微弱的静电力和磁力，在微重力条件下，这可以被用来固定物体的位置。另外在天文学方面，通过射电天文望远镜接收到的宇宙天体发射的无线电波信号可以研究天体的物理、化学性质。

2.2.4　无线电波的传播方式

电磁波从发射方到达接收方，中间的传播方式有天波、地波、直射波、散射波 4 种形式。如图 2-1 所示。

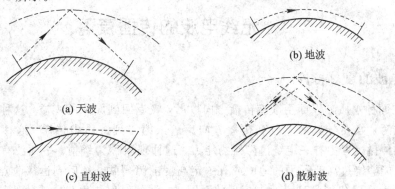

(a) 天波　　　(b) 地波　　　(c) 直射波　　　(d) 散射波

图 2-1　无线电波的 4 种传播形式

1. 天波

天波是经过空中电离层的反射或折射后返回地面的无线电波。

所谓电离层，是距离地面被 40~800 km 高度被电离的气体层，包含有大量的自由电子和离子。这些自由电子和离子是由于大气中的中性气体分子和原子，受到太阳辐射出的紫外线和带电微粒的作用所形成的。电离层能反射电波，也能吸收电波，但频率很高的电波吸收得很少。短波（即高频）是利用电离层反射传播的最佳波段，它可以借助电离层这面"镜子"反射传播。长波被电离层反射到地面后，地面又把它反射到电离层；然后再被电离层反射到地面，经过几次反射，就可以传播很远。

2. 地波

地波是指电磁波沿地球表面传播的形式，也称为表面波传播。

由于地面上有高低不平的山坡和房屋等障碍物，只有能绕过这些障碍物的无线电波才能被各处的接收机收到。当波长大于或相当于障碍物的尺寸时，就可以绕过障碍物到达它们的后面。地面上的障碍物尺寸一般不大，长波能够容易地绕过它们，中波和中短波也能较好地绕过去，短波和微波由于波长较短，很难绕过它们。由于地球是一个大导体，地球表面会因地波的传播引起感应电流，因此地波在传播过程中要损失能量，频率越高损失的能量也越多，所以地波主要适用于长波、中波和中短波通信，适宜在较小范围内进行通信和广播业务。

3. 直射波

直射波是指电磁波采用视距传播方式，常用于微波传输。

微波由于频率高、波长短，它既不能以地被的形式传播，又不能依赖天波的形式传播，和光一样，沿直线传播。由于地球表面是球形的，微波沿直线传播的距离不大，一般只有几十千米。在进行远距离通信时要有中继站，由某地发射出去的微波被中继站接收，并加以放大、处理，再传向下一站，像接力赛那样一站传一站，经过很多中继站可以把电信号传到远方。

4. 散射波

当电波入射到粗糙表面时，反射能量由于散射而散布于所有方向，形成散射波。在实际移动通信环境中，有时接收信号比单独绕射和反射的信号要强，其原因就是散射波。例如在树林附近接收时，接收机会接收到额外的能量。

2.3　无线电波的传播衰落

2.3.1　电波的衰落特性

电波在两种媒质分界面上改变传播方向以后，又返回到原来的媒质，这种现象称为反射；电波在两种媒质分界面上改变传播方向后进入第二种媒质中传播，这种现象称为折射；电波在传播过程中有一定绕过障碍物能力，这种现象称为绕射。平面波有一定的绕射能力，所以能够绕过高低不平的地面或有一定高度的障碍物，然后到达接收点。这也就是在障碍物后面有时仍能收到无线电信号的原因。电波的绕射能力与电波的波长有关，波长越长，绕射能力越强，波长越短，则绕射能力越弱。

由同一波源所产生的电波，经过不同的路径（反射、折射与绕射）到达某接收点，则该接收点的场强由不同路径来的电波合成，这种现象称为波的干涉。合成电场强度与各射线电场的相位有密切关系，当它们同相位时，合成场强最大；当它们反相时，合成场强最小。所以，当接收点变化时，合成场强也是变化的。

　　移动通信系统多建于大中城市的市区，城市中的高楼林立、高低不平、疏密不同、形状各异，这些都使移动通信中无线电波的传播路径进一步复杂化，并导致其传输特性变化十分剧烈。移动台接收到的电波一般是直射波和随时变化的绕射波、反射波、散射波的叠加，且移动中信号随接收机与发射机之间的距离不断变化，这样就造成所接收信号的电场强度起伏不定，这种现象称为衰落。如图 2-2 所示，其中，信号强度曲线的中值呈现慢速变化，称为慢衰落；曲线的瞬时值呈现快速变化，称为快衰落。快衰落与慢衰落并不是两个独立的衰落（虽然它们的产生原因不同）。快衰落反映的是瞬时值，慢衰落反映的是瞬时值加权平均后的中值，一般考虑快衰落的影响。

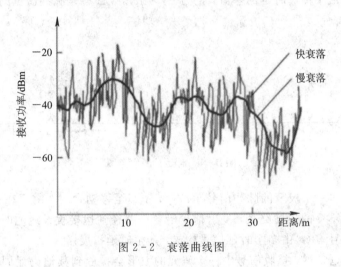

图 2-2　衰落曲线图

1. 快衰落

　　在移动通信中，无线电波主要是以空间波的形式传播的。但是由于表面波随着频率的升高，衰减增大，传播距离很有限，所以在分析移动通信信道时，主要考虑直达波和反射波的影响，认为在接收端的接收信号是直达波和多个反射波的合成。由于到达移动台天线的信号不是单一路径来的，而是许多路径来的众多反射波的合成（如图 2-3 所示），电波通过各个路径的距离不同，从而各个路径来的反射波到达时间不同，相位也就不同，不同相位的多个信号在接收端叠加，叠加后的相位有时增强（方向相同），有时减弱（方向相反），这样，接收信号的幅度将急剧变化，即产生了快衰落。这种衰落是由多径引起的，所以又称为多径衰落，它使接收端的信号近似于一种瑞利（Rayleigh）分布的数学分布，故又称为瑞利衰落。

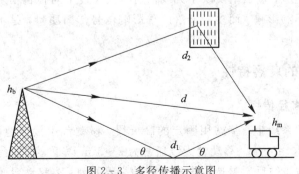

图 2-3　多径传播示意图

快衰落会产生信号的频率选择性衰落和时延扩展等现象。

所谓频率选择性衰落,是指信号中各分量的衰落状况与频率有关,即传输信道对信号中不同频率有不同的、随机的响应。由于信号中不同频率信号分量衰落不一致,因此衰落信号波形将产生失真。

所谓时延扩展,是指由于电波传播存在多条不同的路径,路径长度不同,且传输路径随移动台的运动而不断变化,因而可能导致发射端一个较窄的脉冲信号在到达接收端时变成了由许多不同时延脉冲构成的一组信号,时延扩展可直观地理解为在一串接收脉冲中,最大传输时延和最小传输时延的差值,记为 Δ。实际上,Δ 就是脉冲展宽的时间。时延扩展示意图如图 2-4 所示。

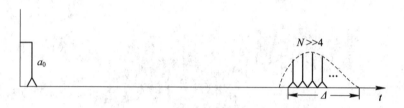

图 2-4　时延扩展示意图

当发射端发送一个极窄的脉冲信号 $s(t)=a_0\delta(t)$ 至移动台时,由于在多径传播条件下存在着多条长短不一的传播路径,发射信号沿各个路径到达接收天线的时间就不一样,移动台所接收的信号 $S_r(t)$ 由多个时延信号构成,产生时延扩展。

由于存在时延扩展,接收信号中一个码元的波形会扩展到其他码元周期中,引起码间串扰(Inter-Symbol Interference, ISI)。当码元速率 R 较小,且满足条件 $R<1/\Delta$ 时,可以避免码间串扰。当码元速率较高时,应该采用相关的技术来消除或减少码间串扰的影响。

2. 慢衰落

慢衰落是指由于在电波传输路径上受到建筑物或山丘等的阻挡所产生的阴影效应而产生的损耗。它反映了中等范围内数百波长量级接收电平的均值变化而产生的损耗,一般遵从对数正态分布。慢衰落产生的原因:

(1) 路径损耗,这是慢衰落的主要原因;

(2) 障碍物阻挡电磁波产生的阴影区,因此慢衰落也被称为阴影衰落;

(3) 天气变化、障碍物和移动台的相对速度、电磁波的工作频率等。

从工程设计角度看,慢衰落反映了无线信道在大尺度上对传输信号的影响,通过合理设计能够消除这种不利影响。而多径衰落严重影响信号传播质量,是不可避免的,只能采用抗衰落技术减小影响。

2.3.2　多径传播的衰落特性

1. 移动环境的多径传播

通常在移动通信系统中,基站用固定的高天线,移动台用接近地面的低天线。例如,基站天线的高度为 30~90 m;移动台天线通常为 2~3 m 以下。移动台周围的区域称为近端区域,该区域内物体的反射是造成多径效应的主要原因。离移动台较远的区域称为远端区域，在远端区域，高层建筑、较高的山峰等反射会产生多径衰落，并且，这些路径要比近端区域中建筑物所引起的多径的长度要长，如图 2-5 所示。

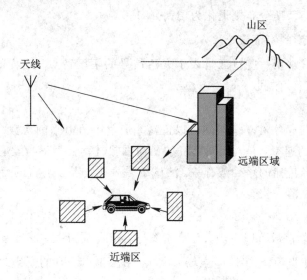

图 2-5　多径传播示意图

2. 多普勒频移

当移动台在运动中通信时，接收信号频率会发生变化，这是由多普勒效应引起的。此附加频移称为多普勒频移（Doppler Shift），可用下式表示：

$$f_D = \frac{v}{\lambda}\cos\alpha = f_m\cos\alpha \qquad (2-1)$$

式中，α 是入射电波与移动台运动方向的夹角，v 是运动速度；λ 是波长。式中，$f_m = v/\lambda$ 与入射角度无关，是 f_D 的最大值，称为最大多普勒频移。

3. 多径接收信号的统计特性

1）瑞利分布

为了便于对多径信号做出数学描述，首先给出下列假设：

（1）在发信机与收信机之间没有直射波通路。

（2）有大量反射波存在，且到达接收天线的方向角及相位均是随机的，且在 0～2π 内均匀分布。

（3）各个反射波的幅度和相位都是统计独立的。

一般说来，在离基站较远、反射物较多的地区，上述假设是成立的。在这种情况下，推导分析表明多径传播条件下接收信号的包络服从瑞利分布。

2）莱斯分布

上述分析的前提是假设 N 个多径信号相互独立，且没有一个信号占支配地位。这在接收机离基站较远，直射波由于扩散损耗较大而很弱，或者由于遮蔽而没有直射波，仅有大量反射波的情况下是成立的。然而，在离基站较近的区域中，通常存在着占支配地位的直射波信号，此时上述假设不能成立。理论上可以推出，此时接收信号包络服从莱斯分布(Rician Distribution)。

通过对在微蜂窝环境中进行电波传播测试的结果进行统计分析可证实莱斯分布特性，而当无直射路径时，莱斯分布则退化为瑞利分布。

4. 衰落信号幅度的特征量

工程应用中，常常用一些特征量表示衰落信号的幅度特点。这样的特征量有衰落率、电平通过率和衰落持续时间。

1）衰落率

衰落率是指信号包络在单位时间内以正斜率通过中值电平的次数。简单地说，衰落率就是信号包络衰落的速率，是对衰落特征的最简洁描述。衰落率与发射频率、移动台的行进速度、方向及多径传播的路径数有关。测试结果表明，当移动台的行进方向朝着或背着电波传播方向时，衰落最快。

2）电平通过率

观察实测的衰落信号可以发现，衰落速率与衰落深度有关。深度衰落发生的次数较少而浅度衰落发生得相当频繁。例如，电场强度从$\sqrt{2}\sigma$衰减 20 dB 的概率约为 1%，衰减 30 dB 和 40 dB 的概率分别为 0.1% 和 0.01%。

定量地描述这一特征的参量就是电平通过率(Level Crossing Rate，LCR)。电平通过率 N_R 被定义为信号包络在单位时间内以正斜率通过某规定电平 R 的平均次数。前面讨论的衰落率只是电平通过率的一个特例，即规定电平为信号包络的中值。

3）衰落持续时间

接收信号电平低于接收机门限电平时，就可能造成语音中断或误比特率突然增大。因此，了解接收信号包络低于某个门限的持续时间的统计规律，就可以判断语音受影响的程度，或者可以确定是否会发生突发错误及突发错误的长度，这对工程设计具有重要意义。由于每次衰落的持续时间也是随机的，所以只能给出平均的衰落持续时间(Average Fade Duration)。

平均衰落持续时间被定义为信号包络低于某个给定电平值的概率与该电平值所对应的电平通过率之比，可用下式表示：

$$\tau_R = \frac{P(r \leqslant R)}{N_R} \qquad\qquad (2-2)$$

5. 描述多径衰落信道的主要参数

移动通信信道是色散信道，即传输信号波形经过移动通信信道后会发生波形失真。电波通过移动通信信道后，信号在时域上、频域上和空间(角度)上都产生色散，本来分开的波形在时间上或频谱上或空间上会产生交叠，体现在以下几方面：

(1) 多径效应在时域上引起信号的时延扩展，使得接收信号的时域波形展宽，相应地在频域上规定了相关(干)带宽性能。当信号带宽大于相关带宽时就会发生频率选择性衰落。

(2) 多普勒效应在频域上引起频谱扩展，使得接收信号的频谱产生多普勒扩展，相应地在时域上规定了相关(干)时间性能。多普勒效应会导致发送信号在传输过程中的信道特性发生变化，产生所谓的时间选择性衰落。

(3) 散射效应会引起角度扩展。移动台或基站周围的本地散射以及远端散射会使不同位置的接收天线经历的衰落不同，从而产生角度扩散，相应地在空间上规定了相关(干)距离性能。空域上波束的角度扩散造成了同一时间、不同地点的信号衰落起伏不一样，即所的空间选择性衰落。

通常用功率在时间、频率以及角度上的分布来描述多径信道的色散，即用功率时延分布(Power Delay Profile，PDP)描述信道在时间上的色散；用多普勒功率谱密度(Doppler Po-er Spread Density，DPSD)描述信道在频率上的色散；用功率角度谱(Power Azimuth Spec-trum，PAS)描述信道在角度上的色散。定量描述这些色散时，常用一些特定参数来描述，如时延扩展、相关带宽、多普勒扩展、相关时间、角度扩展和相关距离等。

2.4　移动通信的噪声干扰

2.4.1　移动通信的噪声

移动通信中的噪声来源多种多样，一般可以分为外部噪声和内部噪声。内部噪声主要是由设备内部运行产生的电流噪声等，而这些噪声一般是无法避免的随机噪声，某些内部噪声可以通过接地等措施消除。外部噪声也称为环境噪声，主要包含自然界产生的噪声以及人为噪声，这些噪声也是随机噪声。

在移动信道中，外部噪声(亦称环境噪声)的影响较大，美国 ITU(国际电话电报公司)公布的数据将噪声分为 6 种：大气噪声、太阳噪声、银河噪声、郊区人为噪声、市区人为噪声和典型接收机的内部噪声。其中，前 5 种均为外部噪声。有时将太阳噪声和银河噪声统称为宇宙噪声。大气噪声和宇宙噪声属于自然噪声。在 30～1000 MHz 频率范围内，大气噪声和太阳噪声(非活动期)很小，可忽略不计；在 100 MHz 以上时，银河噪声低于典型接收机的内部噪声(主要是热噪声)，也可忽略不计。因而，除海上、航空及农村移动通信外，在城市移动通信中不必考虑宇宙噪声。这样，人们最关心的主要是人为噪声的影响。

人为噪声是指各种电气装置中电流或电压发生急剧变化而形成的电磁辐射。诸如电动机、电焊机、高频电气装置、电气开关等所产生的火花放电形成的电磁辐射。这种噪声电磁波除直接辐射外，还可以通过电力线传播，并由电力线和接收机天线间的电容性耦合而进入接收机。就人为噪声本身的性质来说，多属于脉冲干扰，但在城市中，由于大量汽车和工业电气干扰的叠加，其合成噪声不再是脉冲性的，其功率谱密度同热噪声类似，带有起伏干扰性质。

在移动信道中，人为噪声主要是车辆的点火噪声。因为在道路上行驶的车辆，往往是一辆接着一辆，车载台不仅受本车点火噪声的影响，而且还受到前后左右周围车辆点火噪声的影响。这种环境噪声的大小主要决定于汽车流量。汽车流量越大，噪声电平越高。由于人为噪声源的数量和集中程度随地点和时间而异，因此，人为噪声就地点和时间而言，都是随机变化的。统计测试表明，噪声强度随地点的分布近似服从对数正态分布。

2.4.2　移动通信的干扰

有多部移动台组成通信网时，存在邻近频道干扰、同频干扰、互调干扰和阻塞干扰等问题。在移动通信系统组网中，必须予以充分注意。

1. 邻近频道干扰

邻近频道干扰简称邻道干扰，所谓邻道干扰，是指相邻的或者邻近频道之间的干扰。目前，移动通信系统广泛使用的 VHF、UHF 电台，频道间隔是 25 kHz。众所周知，调频信号的频谱是很宽的，理论上来说，调频信号含有无穷多个边频分量，其中某些边频分量落入邻道接收机的通带内，就会造成邻道干扰。

为了减小邻道干扰，主要是要限制发射信号带宽。为此，一般在发射机调制器中采用瞬时频偏控制电路，以防止过大信号进入调制器而产生过大的频偏。

2. 同频干扰

由相同频率的无用信号所造成的干扰，即为同频干扰，常称作共道干扰。在移动通信中，为了提高频率利用率，在相隔一定距离之外，可以使用相同频率，这就是频道的地区复用，简称为同频道复用。两个同频道的无线区（或小区）相距越远，即它们之间的空间隔离度越大，则共道干扰就越小，这样做会使频率利用率降低。因此，在满足一定通信质量要求的前提下，使用相同频率的小区之间所允许的最小距离成为一个很重要的问题，这个最小距离称作同频道复用最小安全距离，或简称为同频道复用距离。所谓"安全"是指保证接收机输入端信号与同频道干扰之比大于某一数值，这一数值称作"射频防护比"。射频防护比（以 S/I 表征，且单位为 dB，S 为有用信号，I 为干扰信号）不仅与调制方式、电波传播特性、通信可靠性有关，而且与无线区的半径和工作方式有关。

3. 互调干扰

互调干扰是由传输信道中非线性部件产生的。几个不同频率的信号同时加进一非线性电路，就会产生各种频率的组合成分，这些新的频率成分便可能造成互调干扰。在移动通信系统中，造成互调干扰主要有 3 个方面：发射机互调现象和接收机互调现象，以及在天线、馈线、双工器等处由于接触不良或不同金属的接触也会产生非线性作用，由此出现互调现象。最后一种情况通常影响不大，但应注意避免。

4. 阻塞干扰

当接收机接收有用信号时，如果有邻近频率的强干扰也同时进入接收机高频放大器或混频器，使高放或混频级出现饱和现象，则接收机解调输出噪声增大，灵敏度下降，严重时使通信中断，这种现象称作阻塞干扰。为此，移动电台的接收机应该具有较强的选择性和较大的动态范围，它的发射机功率应该予以限制，或者能够自动调整，既保证可靠通信又能减少对其他台的干扰。

总之，在移动信道中存在着很多噪声和干扰，为了提高抗干扰能力，不仅需要提高设备性能，而且必须合理组网。否则，即使无外界系统干扰，本网内干扰也将破坏正常通信。

2.5　电波传播损耗模型

2.5.1　球面传播的电磁波的空间损耗

电磁波信号传输时以直射波为主，但是也存在反射、绕射和散射等。电磁波在空间传播时，向外传输的电磁波以球面波的形式向外发射，距离越大，球面半径就越大，单点的电磁信号就越小，空间损耗也就越大。另外，电磁波在空间传播的过程中会受到空气中的尘埃、水滴、水汽等物质的影响，造成反射和散射。电磁波在接近地表传输时，会由于地表的高低起伏、树木遮挡、建筑物遮挡、大型水面或湖面等的影响，产生反射、绕射等情况，这样，电磁波信号到达接收天线时就会由各种传播方式传播到的所有信号叠加而成。因为各个地区的地形存在很大差异，同一地区各个方向上的建筑物、树木、河流、湖泊等情况也不尽相同，因此这种不是由于空间球面扩散而产生的损耗是很难预测的。同时，由于各个区域的电磁覆盖情况都不一样，随之带来的电磁干扰情况也不一样，这就更为场强覆盖预测带来难度。

　　在理想情况下，电磁波以球面方式进行传播，如图 2-6 所示。

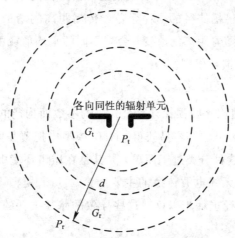

图 2-6　电磁波球面方式传播示意图

　　图中，P_r 为接收信号功率；P_t 为发射信号功率；G_t 为发射天线增益；G_r 为接收天线增益；d 为接收和发射天线之间的距离；λ 为射频信号波长。

　　则由球面面积可计算得到接收信号功率为

$$P_r = P_t \frac{G_t G_r}{(4\pi d/\lambda)^2} \qquad (2-3)$$

　　因而自由空间传播路径损耗（发射天线和接收天线都为点源天线）可写为

$$L_{fs}(\mathrm{dB}) = 10\lg \frac{P_t}{P_r} = -10\lg \left[\frac{\lambda^2}{(4\pi)^2 d^2} \right] = 20\lg \left[\frac{4\pi d}{\lambda} \right] \qquad (2-4)$$

　　可以看出，传输距离越大，空间损耗越大，频率越高，传输损耗越大。

2.5.2　实际电磁波的传播损耗

　　如上所述，电磁波在真实空间传播时，不可能完全按照球面方式传播，因此电磁波通常不会按照球面波的传输损耗到达接收天线。这样，实际电磁波的传播损耗在自由空间传播路径损耗的基础上还要依据损耗模型加上一些修正值。

1. 传播损耗模型分类

　　传播损耗模型按照性质分类可分为：经验模型、半经验模型、确定性模型。

　　经验模型：根据大量结果统计后分析而得出的模型，例如：Okumura-Hata 模型，

COST231-Hata 模型等。

半经验模型：在经验性模型基础上改进得到的模型，例如：COST231-Walfisch-Ikegami模型，校正之后的 Standard Macrocell 模型。

确定性模型：对实际的现场环境直接应用电磁理论计算的方法而得到的模型，但是这种模型因为地形原因、气候原因随时变化，因而某一次的计算结果不能显示出所有情况下该地区的实际信号强度，且由于计算量巨大，需要计算机辅助设计才能完成。

2. 典型损耗模型

一般来说，可以把接收信号的功率或者传播路径的损耗看作一个随机变量，而传播路径损耗模型是用来描述接收信号的平均功率或是传播路径的平均损耗，平均功率会随着传播距离的增加而减少，而传播路径的损耗会随着传播距离的增加而增加，因此，这个随机变量是传播距离的函数，随着距离的改变，会有不同的平均值或中间值。

下面介绍几种典型的损耗模型。

1）Hata 模型

Hata 模型是为方便使用路径损耗计算公式中的参数而构造的模型，如：工作频率、天线有效高度、距离、覆盖区类型等容易获得。Hata 模型中把覆盖区简单分成 4 类：大城市、中小城市、郊区和乡村，这种分类过于简单，尤其是在城市环境中，建筑物的高度和密度、街道的分布和走向是影响无线电波传播的主要因素。Hata 模型中没有反映这些因素的参数，因此模型计算出的路径损耗难以反映这些导致的路径损耗的差异，预测值和实际值的误差较大。

根据应用频率的不同，Hata 模型分为 Okumura-Hata 模型和 COST 231 Hata 模型。

(1) Okumura-Hata 模型

日本科学家奥村通过对城市进行大量无线电波传播损耗的测量，得出一系列经验曲线用于无线蜂窝网络的规划设计。在这些经验曲线的基础上，得出了简化的 Hata 模型，就是 Okumura-Hata 模型。该模型提供的数据较齐全，应用较广泛，适用于 VHF 和 UHF 频段。该模型的特点是：以准平坦地形大城市地区的场强中值路径损耗作为基准，对不同的传播环境和地形条件等因素用校正因子加以修正。

Okumura-Hata 路径损耗 L_M 计算的经验公式如下：

$$L_m=69.55+26.16\lg(f)-13.821\lg(h_c)-a(h_r)+[44.9-6.55\lg(h_c)]\cdot\lg(d) \quad (2-5)$$

式中：f 为工作频率，h_c 为基站天线有效高度；h_r 为移动台天线有效高度，$a(h_r)$ 为有效天线修正因子，d 为基站天线与移动台天线水平距离。

其中 $a(h_r)$ 的取值由于大城市和中小城市建筑物状况相差较大，因此分别给出如下：

$$a(h_r)=\begin{cases}[1.11\lg(f)-0.7]\cdot h_r-[1.56\lg(f)-0.8] & \text{中小城市}\\ 8.29[\lg(1.54h_r)]^2-1.1 & f\leqslant300\text{ MHz}\\ 3.2[\lg(11.75h_r)]^2-4.97 & f>300\text{ MHz}\end{cases} \text{大城市 郊区乡村}$$

在上式的基础上，该模型还给出了郊区和乡村的校正因子 K，具体如下：

$$K=\begin{cases} 0 & \text{城市} \\ -2\left[\lg\left(\dfrac{f}{28}\right)\right]^2-5.4 & \text{郊区} \\ -4.78\left[\lg(f)\right]^2+18.33\lg(f)-40.98 & \text{乡村} \end{cases}$$

（2）COST-231Hata 模型

COST-231Hata 模型是 EURO-COST 组成的 COST-231 工作委员会开发的 Hata 模型的扩展版本，应用频率在 1500～2000 MHz，适用于小区半径大于 1 km 的宏蜂窝系统，发射有效天线高度在 30～200 m，接收有效天线高度在 1～10 m。

COST-231Hata 的经验公式如下：

$$L'_{m}=L_{m}+C_{m} \tag{2-6}$$

式中：C_{m} 为大城市中心校正因子，中小城市和郊区为 0 dB，大城市中心为 3 dB。

两种 Hata 模型的区别在于：COST-231Hata 模型适用于 1500～2000 MHz，在 1 km 以内预测的准确度不高不准；Okumura-Hata 适用于 1500 MHz 以下的大于 1 公里范围的宏小区；另外，COST-231Hata 模型频率衰减因子为 33.9；Okumura-Hata 模型的频率衰减因子为 26.16；此外，COST-231Hata 模型还增加了一个大城市中心衰减，大城市中心地区路径损耗增加 3 dB。

2）CCIR 模型

CCIR 模型综合考虑了自由空间传播和地形效应损耗对于无线电波传播的影响，定义的经验公式为：

$$L'_{m}=L_{m}-B \tag{2-7}$$

式中：L_{m} 是 Hata 模型路径损耗值，B 为 CCIR 模型修正因子，并有 $B=30-25\lg$（地面建筑覆盖率）。该公式是在城市传播环境下的应用。CCIR 模型的路径损耗随建筑物密度而增大，适用于城市和郊区。

3）LEE 模型

LEE 模型基本思路先把城市当成平坦的，只考虑人为建筑物的影响，在此基础上再把地形地貌的影响加进来。LEE 模型将地形地貌影响分为三种情况，即：无阻挡、有阻挡、水面反射。

（1）无阻挡：

$$P_{r}=P_{r1}-\gamma\lg\frac{r}{r_0}+\alpha_0+20\lg\frac{h'_{i}}{h_{i}}-n\lg\frac{f}{f_0}$$

式中：r_0 为 1 公里，f_0 为 850 Mhz，h'_{i} 为天线有效高度，h_{i} 为天线实际高度，α_0 为修正因子。当 $f<f_0$ 时，$n=20$；当 $f>f_0$ 时，$n=30$。

（2）有阻挡：

$$P_{r}=P_{r1}-\gamma\lg\frac{r}{r_0}+\alpha_0+L(v)-n\lg\frac{f}{f_0}$$

式中：$L(v)$ 为由山坡等地形引起的衍射损耗。

（3）水面反射：

$$P_r = \alpha \cdot P_t G_t G_r \cdot \left(\frac{\lambda}{4\pi d}\right)^2$$

其中：α 为由于移动无线通信环境引起的衰减因子。G_t 为发送端天线增益，G_r 为接收天线增益，P_t 为基发射功率，λ 为波长。

LEE 模型适用于城市、郊区和乡村。

4）WIM 模型

WIM 模型设计基于 Walfisch-Bertoni 模型和 Ikegami 模型，广泛地用于建筑物高度近似一致的郊区和城区环境，经常在移动通信系统（GSM/PCS/DECT/DCS）的设计中使用。在高基站天线情况下采用理论的 Walfisch-Bertoni 模型计算多屏绕射损耗，在低基站天线情况下采用测试数据计算损耗。

WIM 模型考虑了自由空间损耗、从建筑物顶到街面的损耗以及受街道方向影响的损耗，因此，可以计算基站发射天线高于、等于或低于周围建筑物等不同情况的路径损耗。COST 231 - WI 模型广泛用于建筑物高度近似一致的郊区和城区环境。它是基于 Walfisch-Bertoni 模型和 Ikegami 模型得到的。在使用低基站天线时该模型采用理论的 Walfisch-Bertoni 模型计算多屏绕射损耗；在使用低基站天线时采用测试数据。该模型也考虑了自由空间损耗、从建筑物顶到街面的损耗以及街道方向的影响。

WIM 模型损耗计算分两种情况：

视距传播情况，路径损耗：$L = 42.6 + 26\lg(d) + 20\lg(f)$

非视距传播情况，路径损耗：$L = L_0 + L_1 + L_2$，其中 L_0 为空间损耗，L_1 为由沿屋顶下沿最近的衍射引起的衰落损耗，L_2 为沿屋顶的多重衍射（除了最近的衍射）。

WIM 模型应用如下场合：

（1）用于建筑物高度近似一致的郊区和城区环境；

（2）常用于移动通信系统（GSM/PCS/DECT/DCS）设计；

（3）可计算基站发射天线高于、等于或低于周围建筑物等不同情况的路径损耗。

上述各模型的比较如表 2-2 所示。

表 2 - 2　典型损耗模型比较

传播模型		宏蜂窝（>1 km） 微蜂窝（<1 km）	频率/Mhz	天线高度/m	城区/郊区/乡村
Hata	Okumura	宏蜂窝	150~1500	基站：30~200 移动台：1~10	城市、郊区、乡村
	COST231	宏蜂窝	1500~2000	同上	城市、郊区、乡村
CCIR		宏蜂窝	150~2000	同上	城市、郊区
LEE		宏蜂窝	450~2000		城市、郊区、乡村
		微蜂窝分 LOS 和 NLOS	450~2000		城市、郊区
WIM		0.02~5 km 分 LOS 和 NLOS	800~2000	基站：4~50 移动台：1~3	城市、郊区

2.6 多径衰落信道

2.6.1 多径衰落信道分析

如前所述，在无线通信系统中，由于无线信道中的反射、散射和折射，使得经过传播后的发射信号沿着多个不同的路径到达接收天线，接收天线最终接收到的信号是各路信号的叠加，形成无线信号的多径传播。多径传播中各路信号的传播路径各不相同，因此信号到达接收天线时的幅度、相位也各不相同，叠加后会出现快速起伏的短期效应，导致多径衰落。

无线通信信道中多径效应造成的信号扰动就是多径衰落，以下是几个影响多径衰落的物理因素。

1）多径传播

不断改变的无线环境产生的原因是无线信道中存在反射体和散射体，产生的结果就是信号能量在幅度、相位和时间延迟上发生分散；这些效应会使发送信号通过不同路径以不同的形式到达接收天线；到达接收天线不同的多径信号使接收信号产生随机幅度和相位，这些都会导致信号强度的随机扰动，进而导致传输信号发生失真或畸变。

2）信号的发射带宽

当发送的无线电信号带宽比多径信道的带宽大时，即多径信号的时延差大于信号的自相关时间，则接收到的信号就会产生畸变，此时小尺度衰落不明显；如果发射信号比信道的带宽窄，则信号的振幅会发生快速变化。

3）周围物体的速度

如果信道中存在运动的障碍物体，对于多径信号分量而言，这些运动的物体会对其产生随时间变化的多普勒频移。如果运动的障碍物体移动速度相比接收机的移动速度快很多的话，此时多普勒频移效果成为主要影响因素；否则，移动物体的运动就可以忽略。

4）接收方的移动速度

发射机和接收机间的相对运动使每个多径分量具有不同的多普勒频移，从而引起接收信号的频率发生随机变化；多普勒频移可以是正的或负的，这由发送者和接收者之间的传播路径是被缩短还是被延长来决定。

其他物理因素为非主要因素。

2.6.2 多径衰落信道模型

对于多径衰落信道的分析可以采用数学和仿真两种方法进行研究建模，实际应用中，人们使用的往往是仿真模型，本节主要讨论多径衰落信道的仿真模型。在众多的该类模型中，以 Clarke 提出的 Clarke 模型和 Jake 提出的 Jakes 模型最为著名，现在很多通信系统的设计都使用这两个模型。

1. Clark 模型

Clarke 衰落信道模型是一种由电磁波散射统计特性得到的瑞利衰落信道统计模型。在 Clarke 模型中，假设由 N 个平面波组成接收机的接收电波；当接收机运动时，多普勒频移会对所有平面波都会产生影响；其中每条路径可以用下式表示：

$$c(t) = c_1(t) + \mathrm{j}\,c_2(t) \qquad (2-8)$$

式中：

$$c_1(t) = \sqrt{\frac{2}{N}} \sum_{i=1}^{N} \cos(2\pi f_{\mathrm{d}} t \cos \alpha_i + \phi_i)$$

$$c_2(t) = \sqrt{\frac{2}{N}} \sum_{i=1}^{N} \sin(2\pi f_{\mathrm{d}} t \cos \alpha_i + \phi_i)$$

f_{d} 为最大多普勒频移，α_i 为平面波的入射角，ϕ_i 为初始相位。

2. Jakes 模型

Jakes 模型是通过对复正弦波的合成产生服从给定多普勒谱的多径衰落信道。假设将以均匀分布的方向达到的所有的散射分量对应的射线近似认为是 N 个平面波，定义 $N_0 = \left(\frac{N}{2} - 1\right)/2$，其中 $N/2$ 被限定为奇数；设第 n 个平面波的入射角为 $a_n = \frac{2\pi n}{N}$，$n = 1, 2, \cdots$，对频率为 w_n 的 N_0 个复振荡器的输出进行求和运算，然后加上频率为 $w_{\mathrm{d}} = 2\pi f_{\mathrm{d}}$ 的复振荡器的输出；在复振荡器的输出相加过程中，实部 $c_1(t)$ 和虚部 $c_2(t)$ 可分别表示为

$$c_1(t) = 2\sum_{i=1}^{N_0}(\cos \phi_n \cos w_n t) + \sqrt{2}\cos \phi_N \cos w_{\mathrm{d}} t$$

$$c_2(t) = 2\sum_{i=1}^{N_0}(\sin \phi_n \cos w_n t) + \sqrt{2}\sin \phi_N \cos w_{\mathrm{d}} t$$

其中，ϕ_n 表示的是第 n 个经过多普勒频移的正弦信号对应的初始相位，ϕ_N 是其中经过最大多普勒频移信号的初始相位。可设置初始相位为：$\phi_N = 0$ 时，有

$$\phi_n = \frac{\pi n}{(N)_0 + 1}, \quad n = 1, 2, \cdots, N_0$$

则 Jakes 模型的复输出可用下式表示：

$$c(t) = \frac{E_0}{\sqrt{2\,N_0 + 1}}\{c_1(t) + \mathrm{j}\,c_2(t)\}$$

其中，E_0 表示衰落信道的平均幅度。

3. 频率选择性衰落信道模型

在研究多径衰落信道时，常常将信道划分为大尺度、小尺度和频率选择性衰落三种。其中大尺度衰落用于描述通信系统发射机和接收机之间长距离的平均强度变换，也可以描述为发送电磁波的功率随着传播距离的增加而减小；小尺度衰落通常用于描述短时间内发射信号经过短距离传播后导致信号的相位和幅度急剧变化，主要体现为多径效应和多普勒效应。上述两种模型均属于小尺度模型。由于无线多径信道又表现出频率选择的特性，因此有必要研究频率选择性衰落信道模型。

由于多径衰落可以看作接收信号是发送信号与一个包含多径信道特性的 FIR 滤波器卷积得到的，滤波器的滤波系数为复数，其中幅度对应于多径分量的强度，相位对应于多径分量的载波相移。处于多径衰落的传播信号可以用线性时变滤波器来模拟，则接收信号可以表示为

$$y(t) = x(t) \otimes h(t, \tau) = \int_0^\infty x(\tau)h(t, \tau)\mathrm{d}\tau \qquad (2-9)$$

式中：$\otimes$ 表示卷积运算，时变多径信道响应 $h(t,\tau)$ 可以表示成

$$h(t,\tau) = \sum_i a_i(t)\delta(\tau - \tau_i(t))$$

式中：t 表示时间变化，$a_i(t)$ 表示第 i 条路径的幅度增益，$\tau_i(t)$ 表示 i 条路径延时，$h(\tau)$ 表示从信号发送开始到第 τ 时刻的信道响应。因此多径信道下的基带信道响应模型可以表示为

$$h(t,\tau) = \sum_{i=0}^{V-1} a_i(t,\tau)\exp(j(2\pi f_c\tau_i(t) + \varphi_i(t,\tau))\delta(\tau - \tau_i(t))$$

式中：V 表示多径信道数，$a_i(t,\tau)$、$\tau_i(t)$ 分别表示为在 t 时刻第 i 个多径分量的幅度值和路径延时，$2\pi f_c\tau_i(t) + \varphi_i(t,\tau)$ 表示第 i 个多径分量在传输过程中造成的相位移动和信道中的附加相移。

此外，一般信号发射机和接收机都处于移动状态，在信道特性随时间随机变化的情况下，就会产生多普勒效应，这也会影响接收信号的准确解调。

2.7　MIMO 信道

随着信息技术，尤其是互联网技术的迅猛发展，信息的载体形式由传统的文字形式向多媒体型发展。传统的无线通信系统是采用单一发射天线和单一接收天线的通信系统，即所谓的 SISO 天线系统。SISO 天线系统在信道容量上具有一个通信上不可突破的瓶颈——Shannon 容量限制。不管采用何种调制技术、编码策略或其他方法，无线信道总是给无线通信作了一个实际的物理限制。这一点在当前无线通信市场中形势尤为严峻，因为用户对更高的数据率的需求是非常迫切的，必须进一步提高无线通信系统的容量。可以实现这个目标的方法有很多，如：加大系统发射功率、设置更多的基站、拓宽带宽和提高频谱利用效率等，然而可行的却不多。

加大系统发射功率的方法姑且不论可能引起人的健康状况的变化，对硬件设计者来说这也是非常困难的，因为功放器件在大功率区域下的线性工作特性是很难设计的。另外，随之而来的散热及发射功率的加大所引起的功率消耗也是移动终端要考虑的问题。

增设基站意味着采用更多的蜂窝，这是提高容量代价最大的办法。

拓宽带宽，如利用毫米波频带，就会导致与现行系统具有非常大的兼容性问题，其代价也是很昂贵的，因此更高频段的使用在近期内也不是提高无线通信系统容量的最佳方法。

基于上述讨论可知，需要为实现可行、代价低的通信容量扩充，就需要引入新技术。目前在众多的信号处理技术中，最引人注目的是 MIMO 技术，研究表明在多径环境中，采用收发多天线空时编码系统（MIMO 系统）在不增加信号带宽及发射功率的前提下可以使频谱效率得以成倍提高，从而提高信道容量。因此，MIMO 技术将是新一代无线通信的关键技术之一。

2.7.1　MIMO 通信技术

1. 原理

MIMO 是指在通信链路的发送端与接收端均使用多个天线元的传输系统，其工作原理如图 2-7 所示。输入的串行码流通过某种方式（编码、调制、加权、映射）转换成几路并行的独立子码流，通过不同的发射天线发送出去。不同的子码流同时同频带的发送，接收方利用不少于发送天线数目的天线组进行接收，并利用估计出的信道传输特性与发送子码流间一定的

编码关系对多路接收信号进行空域与时间域上的处理，从而分离出几路发送子码流再转换成串行数据输出。MIMO将信道视为若干并行的子信道，在不需要额外带宽的情况下实现近距离的频谱资源重复利用(多个发射天线近距离同频、同时传输)，理论上可以极大地扩展频带利用率、提高无线传输速率，同时还可增强通信系统的抗干扰、抗衰落性能。

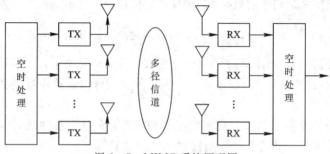

图2-7　MIMO系统原理图

　　其实任何一个无线通信系统，只要其发射端和接收端均采用了多个天线或者天线阵列，就构成了一个无线MIMO系统。在多径环境下，该技术能在不增加带宽的情况下成倍地提高通信系统的容量和频谱利用率，是新一代移动通信系统必须采用的关键技术。

2. 优点

　　MIMO技术通过多天线的配置充分利用信号的空间资源，有效提高衰落信道容量的方法。20世纪40年代末贝尔实验室提出蜂窝概念，并在70年代进行了实用化，研制成功世界上第一个蜂窝移动通信系统AMPS。后来，研究人员又进一步提出了微小区、微微小区等小区分裂的概念并成功进行了实用化，应用到了GSM、CDMA系统中，进一步提高了系统的容量，但是小区不能一味地分裂下去，小区分裂的思想在大容量的需求条件下就变得不可行了。而利用空间发送分集技术来提高容量的智能天线、MISO、MIMO等各种空时联合处理技术则是进一步提高系统容量和频谱效率的有效措施。

　　图2-8是几种不同的MIMO系统结构下，信道容量随信噪比变化的示意图。显而易见，多输入多输出对于提高无线通信系统的容量具有极大的潜力。

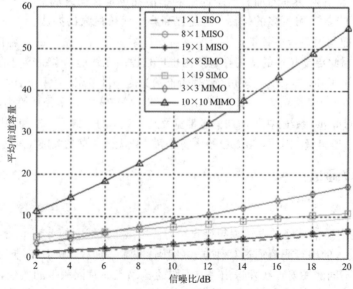

图2-8　几种类型系统的信道容量仿真图

　　时间和频率都是一维的资源，而空间是三维的资源，如果对信号的空间资源加以利用，则潜力是巨大的。从移动通信的发展过程可以看出，MIMO 技术的出现是人们对空间资源逐步开发利用的必然结果，其优点主要是通过多天线的配置来充分利用信号的空间资源，从而达到提高系统容量的目的。在无线频谱资源紧缺的条件下，MIMO 技术无疑是提高频谱利用率和数据传输速率的有效方法之一。

2.7.2　MIMO 信道模型

　　MIMO 信道是一种双方向信道，可根据系统带宽分为宽带模型与窄带模型。宽带模型将 MIMO 信道视为频率选择性信道，窄带模型则将 MIMO 信道视为平坦衰落信道。

　　假设图 2-7 中，基站有 N_T 个天线，移动台有 N_R 个天线，发射端信源产生信号经过编码分配到 N_T 个天线，经过无线信道传输，接收端 N_R 个天线接收到信号，利用相关技术恢复原信号，则在基站的天线阵列上的信号表示为

$$x(t) = [x_1(t), x_2(t), \cdots, x_{N_T}(t)]^T$$

式中，符号 $[.]^T$ 为矢量或者矩阵转置，$x_i(t)$ 为基站的第 i 个天线端口的信号。信道从第 i 个天线到达第 j 个天线经历的信道衰落系数用 h_{ij} 表示，因此 MIMO 信道可以用 $N_T \times N_R$ 的矩阵 $\boldsymbol{H}$ 来表示：

$$\boldsymbol{H} = \begin{bmatrix} h_{11} & h_{12} & \cdots & h_{1N_T} \\ h_{21} & h_{22} & \cdots & h_{2N_T} \\ \cdots & \cdots & \cdots & \cdots \\ h_{N_R1} & h_{N_R2} & \cdots & h_{N_RN_T} \end{bmatrix}$$

　　接收端每个天线上的接收信号为 N_T 个信号的叠加，以第 j 个天线为例，该天线接收到的信号表示为

$$y_j = \sum_{i=1}^{N_T} h_{ij} x_i + n_j$$

其中，n_j 是第 j 根天线的噪声，则接收端的信号矢量表示为

$$y(t) = [y_1(t), y_2(t), \cdots, y_{N_R}(t)]^T$$

　　接收信号的矩阵表示为

$$y = \boldsymbol{H}x + n$$

其中，n 为接收端的噪声矢量，x 为发射端矢量信号。

　　考虑到实际的 MIMO 信道非常复杂多样，因此提出 MIMO 信道模型的建模方法主要包括统计性模型（经验模型）、确定性模型、半确定性模型。

1. 统计性模型

　　统计性模型是基于信道各种统计特性建立的信道模型。在实际传播环境中，存在着大量具有相同或相似传播特性的小区，对这些小区进行实际测量，归纳出信道各种重要的统计特性（如时延扩展、角度扩展等）及信道参数的概率密度分布，利用这些统计信息建立适用范围较广的空间信道模型。典型方法如基于试验测量的冲激响应法，这是一种完全随机的方法。统计性模型的优点在于模型的复杂度较低，具有一定的通用性；缺点是和实际的信道有较大偏差，这是因为模型的各种参数是用各自统计特性随机生成的，随机生成的参数和实际测量的参数可能会有比较大的差别。统计模型主要有李氏模型、离散均匀分布模

型、高斯广义稳态非相关散射模型等。

2. 确定性模型

确定性模型是基于实际环境测量建立的信道模型。它要求得到信道环境的详细信息，如建筑物和自然界物体(石头、树木等)精确的位置、大小以及分布等。确定性模型的基本思想是，如果传播环境的详细信息可以得到，那么无线传播就可以看成一个确定过程；它可以确定空间任一点的各种空时特性。这类信道模型主要用于小区规划。确定性模型实现方法主要有双向无线信道、射线跟踪技术、几何绕射和一致性绕射理论的方法，以及时域有限差分(FDTD)法。目前，运用最为广泛的是基于几何光学和一致性几何绕射理论的射线跟踪技术。射线跟踪的基本思想是：将发射点视为点源，其发射的电磁波作为向各个方向传输的射线，对每条射线进行跟踪，在遇到阻碍物时按反射、折射或绕射来进行场强计算，在接收点将到达该点的各条射线合并，从而实现传播预测。射线跟踪可以得到每条路径的幅度、时间延迟和到达角，以预测信号电平、时域色散和信道冲激响应，随之一系列参数如功率延迟谱、均方根延迟扩展和相关带宽等就可确定。射线追踪技术还能够结合天线的辐射图，分别考虑辐射图对每条射线的影响。

3. 半确定性模型

由于统计性模型误差较大而确定性模型复杂性较高，实现较为困难等原因，出现了介于两种模型之间的半确定性模型，半确定性模型是综合上述两种模型优点发展起来的一种低复杂性、又能较好符合实际环境的一种信道模型。半确定性模型的实现主要有两种方法，即基于几何统计法和相关矩阵法，其中基于几何统计法包括：SCM 信道模型、SCME 信道模型、WINNER 信道模型；相关矩阵法包括：3GPP LTE 信道模型和 IEEE 802.11n 信道模型。

第 3 章 组网技术基础

移动通信设备只是整个通信网的边沿组成部分,其通信功能的实现离不开科学与周全的组网技术支持。回顾现代通信网的发展历程可知,最早的通信网始于电报、电话网,随着数据通信和计算机的引入,最终进化为现有网络的形态。通信网络绝不是简单的将设备间的链路堆叠起来,而是要解决交换、控制、接入、管理、安全等一系列问题。尤其是对于不同体制的网络,由于其网络通信的解决方案各不相同,最终还要将它们整合起来,因此实现起来非常复杂。本章将围绕着移动通信的组网技术展开介绍,具体包括:移动通信网的基本概念、无线传输、控制与交换、多用户接入、移动性管理以及网络安全等。

3.1 移动通信网的基本概念

3.1.1 通信网基础

1. 定义

通信网是一种使用交换设备、传输设备,将地理上分散用户终端设备互连起来实现通信和信息交换的系统。通信最基本的形式是在点与点之间建立通信系统,但这不能称为通信网,只有将许多的通信系统(传输系统)通过交换系统按一定拓扑结构组合在一起才能称之为通信。也就是说,有了交换系统才能使某一地区内任意两个终端用户相互接续,从而组成通信网。通信网由用户终端设备、交换设备和传输设备组成。交换设备间的传输设备称为中继线路(简称中继线),用户终端设备至交换设备的传输设备称为用户路线(简称用户线)。

抽象的通信网如图 3-1 右图所示。

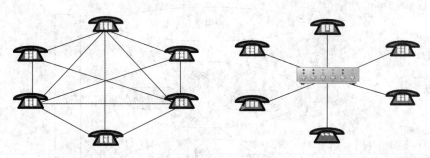

图 3-1 通信网结构

仅仅将设备两两互联的图(图 3-1 的左图)不是真正意义的通信网,会带来 N^2 个系列问题,因此只有像图(图 3-1 的右图)引入交换节点/设备的网状结构才是真正的通信网。因此,"没有交换就没有网络"成为人们的共识。

2. 分类

通信网的种类很多,可以按照依据通信网定义的实现形式进行划分。

按照信源的内容可以分为:电话网、数据网、电视节目网和综合业务数字网(ISDN)等。其中,数据网又包括电报网、电传网、计算机网等;

按通信网络所覆盖的地域范围可以分为:局域网、城域网、广域网等;

按通信网络所使用的传输信道可以分为:有线(包括光纤)网、短波网、微波网、卫星网等。

按照通信的业务类型进行分类:电话通信网、电报通信网、电视网、数据通信网、计算机通信网、多媒体通信网和综合业务数字网等。

按照通信服务的对象进行分类:公用通信网、专用通信网等。

按照通信传输处理信号的形式分:模拟通信网和数字通信网等。

按照通信的活动方式分:固定通信网和移动通信网等。

未来还有一些新的通信网在不断出现,比如说:物联网、卫星光网络、车辆网、泛在网。

3. 组成

通信网络的组成从功能上可以将其组成划分为接入设备、交换设备、传输设备。

(1)接入设备:包括电话机、传真机等各类用户终端,以及集团电话、用户小交换机、集群设备、接入网等;

(2)交换设备:包括各类交换机和交叉连接设备;

(3)传输设备:包括用户线路、中继线路和信号转换设备,如:双绞线、电缆、光缆、无线基站收发设备、光电转换器、卫星、微波收发设备等。

此外,通信网络正常运作需要相应的支撑网络的存在。支撑网络主要包括数字同步网、信令网、电信管理网三种类型,为通信网的正常运维和商业运营提供支持。

(1)数字同步网:保证网络中的各节点同步工作;

(2)信令网:可以看作是通信网的神经系统,利用各种信令完成保证通信网络正常运行所需的控制功能;

(3)电信管理网:完成电信网和电信业务的性能管理、配置管理、故障管理、计费管理、安全管理。

基于上述逻辑的通信网,其组成往往被描述为如图 3-2 所示的体系结构。

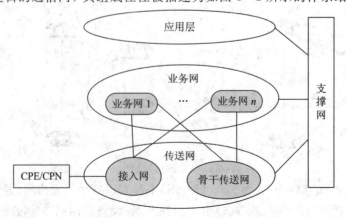

图 3-2　通信网体系结构

3.1.2　移动通信网

1. 定义

在通信领域，人类始终有一个梦想，那就是无论任何人(Whoever)在任何时间(Whenever)、任何地点(Wherever)都能和任何另外一个人进行任何方式(Whatever)的信息交流，即个人通信。受到固定通信网的束缚，这些需求受到很大限制，因此人们利用无线通信技术设计实现了用户可以自由移动并保持通信的通信网，就是移动通信网，移动通信网具体是指：可以在移动用户和移动用户之间或移动用户与固定用户之间通信的"无线电通信网"。

移动通信的发展是随着无线电技术的不断成熟而演进的，大体可以划分为四个发展阶段。

第一阶段：20 世纪初期，首先在短波几个频段上开发出专用移动通信系统。其代表是美国底特律市警察使用的车载无线电系统。该系统工作频率为 2 MHz，到 40 年代提高到 30~40 MHz，可以认为这个阶段是现代移动通信的起步阶段，其特点是专用系统开发，工作频率较低。

第二阶段：20 世纪 40 年代中期至 60 年代初期，公用移动通信业务开始问世。1946 年，根据美国联邦通信委员会(FCC)的计划，美国贝尔实验室在圣路易斯城建立了世界上第一个公用汽车电话网，称为"城市系统"。贝尔还完成了该网络的人工交换系统的接续问题。这个网络的特点是接续方式为人工，网的容量较小。

第三阶段：20 世纪 80 年代初提出，完成于 20 世纪 90 年代初。这个阶段，可以大规模敷设，并提供通用电话服务的现代意义的移动通信网出现了。这种网络就是通常所称的 1G 移动通信网络，所采用的技术是模拟技术和频分多址(FDMA)技术，其传输速率为 2.4 kb/s，只提供区域性语音业务，容量有限、保密性差、通话质量不高、不能提供数据业务。设备成本高，质量大，体积大。

第四阶段：20 世纪 90 年代初至今天，移动通信进入了一个蓬勃发展期。用户需求增长迅猛，同时微电子技术在这一时期得到长足发展，这使得通信设备的小型化、微型化有了可能性，各种轻便电台被不断地推出。随之提出并形成了移动通信新体制，随着大规模集成电路的发展而出现的微处理器技术日趋成熟以及计算机技术的迅猛发展，为大型通信网的管理与控制提供了技术手段。这个阶段依次出现了 2G、3G、4G，目前已经进入 5G 网络时代，6G 技术也已经在规划设计中。

2. 分类

基于不同的需求、技术和用户群体，移动通信网可以进行多种划分。

按照服务对象分为公用移动通信网和专用移动通信网；按照业务性质分为移动电话网和移动数据网等；按照移动台活动范围分陆地移动通信网、海上移动通信网和航空移动通信网；按照不同技术属性和使用属性分为蜂窝移动电话网、无线寻呼网、集群调度网、无绳电话网、泄漏电缆通信网、无中心选址通信网、卫星移动通信网、个人移动通信网等；按照网络结构分为无中心网和有中心网；按照系统的覆盖范围和作业方式分为双向对话式蜂窝公用移动通信、单向或双向对话式专用移动通信、单向接收式无线寻呼、家用无绳电话及无线本地用户环路等。

本书聚焦的是公共移动通信网(以下简称"移动通信网")。移动通信网普遍采用蜂窝拓扑,是基于提高频谱利用率和减少相互干扰,增加系统容量来考虑的。采用的小区制——覆盖半径在 10 km 以内的六角形结构;还有采用微蜂窝和微微蜂窝混合结构。蜂窝移动通信技术随着微蜂窝和微微蜂窝的产生而成熟。这些微蜂窝半径一般为几米到几百米。而运行的蜂窝半径是几千米。微蜂窝技术将靠重复使用频率和大基站的"延伸部件"——小功率发射机来扩展业务处理能力。该办法也适用于覆盖无线传播较差的地区。智能网数据库将跟踪个人通信网(PCN)的用户,从一个微蜂窝转移到另一个微蜂窝。

3. 组成

移动通信网由移动业务交换中心(MSC)、基站(BS)、移动台(MS)及中继线等要素组成,如图 3-3 所示。

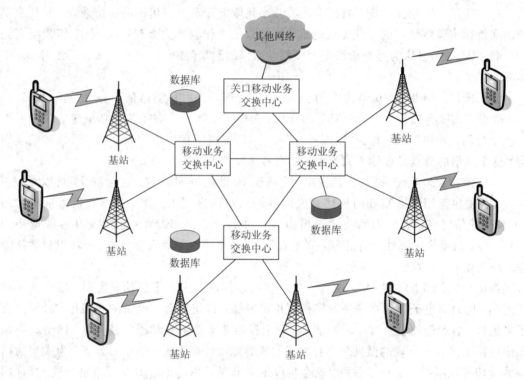

图 3-3　移动通信网组成

(1) **移动业务交换中心**:完成对本 MSC 控制区域内的移动用户进行通信控制与管理,主要包括移动台各种类型的呼叫接续控制;通过标准接口与基站(BS)和其他 MSC 相连,完成越区切换、漫游及计费功能;用户位置登记与管理;用户号码和移动设备号码的登记与管理;服务类型的控制;对用户实施鉴权;以及提供连接维护管理中心的接口,完成无线信道管理功能等。

(2) **基站**:负责射频信号的发送、接收和无线信号至 MSC 的接入,还具有信道分配、信令转换、无线小区管理等控制功能。

(3) **移动台**:是移动网的用户终端设备,其主要功能包括① 能通过无线接入通信网络,完成各种控制和处理以及提供主叫或被叫通信业务。② 具备与使用者之间的人一机接口，当移动用户和市话用户建立呼叫时，移动台与最近的基站之间确立一个无线信道，并通过 MSC 与市话用户通话；同样，任何两个移动用户的通话也必须通过 MSC 建立。

（4）中继线：将局间和局站间通过有线的方式连接起来。

当然，在上述结构基础上还可以增加更多的辅助设备提供更灵活、更丰富的通信业务。

实现移动通信网，还需要多种技术的支持，包括：多址技术、天线技术、功率控制技术、加密技术、网络优化技术等。

3.1.3　组网关键技术

1. 空中接口带来的通信组网问题

固定通信的接口是钉在墙上的，插一根电话线/网线就可以用，通过这个接口和固定网络进行联系的，而移动通信的用户端是通过"空中接口"与无线网络保持联系的。空中接口的引入给通信带来了诸如下面的一系列具体问题。

如何在复杂无线电波传播环境下有效传输信息？

空中接口无线传播媒质的优点是允许通信中的用户在一定范围内自由活动，但带来传播特性一般都很差，存在传播损耗、阴影效应、多径效应、多普勒效应，覆盖范围也很有限。

在开放的无线电波传播环境下如何有效对抗移动台受到的噪声和干扰？

这些噪声包括：内部噪声（热噪声、电源噪声）、自然噪声（大气噪声、太阳噪声）、人为噪声（电动机、电气开关等产生的电磁辐射），而干扰包括：邻道干扰、互调干扰、同频干扰、多址干扰，以及近地无用强信号压制远地有用弱信号的现象（称远近效应）等。

如何在有限的无线电频谱资源下提高系统容量？

提高通信系统的通信容量，要求一方面要开辟和启用新的频段；另一方面要研究各种新技术与新措施，如压缩信号所占带宽、频率复用等方法来提高频谱利用率。

如何识别手机用户的身份？

固定通信的终端一般直接接在用户家里或者公司里，接口就是身份。移动通信用户是移动的，无法根据物理位置确定其身份，系统对用户的鉴别相当于对终端的鉴别。

如何解决用户位置变化问题？

固定电话的位置是固定的，通信网络找到指定的接口即可；而移动通信中，手机的位置随时在变化，位置变化后必须找到并实现不间断的通信服务。

如何保证对话不被他人窃听？

移动通信的空中接口是开放性的，无线电波的传递容易被他人窃听和截获。基站发送随机数据，手机利用自己的密钥产生随机加密序列对空中接口的数据进行加密。

上述问题中有两个最为核心的问题，这就是用户的移动性和信道的复杂时变性，需要重点解决。

2. 关键技术

移动通信网分别采用无线传输、控制与交换、移动性管理、网络安全等技术，可以解决由空中接口所带来的问题。将这些技术进行归纳，可以描述为如图 3-4 所示的组织关系。

图 3-4 中，将关键技术划分为无线传输、控制与交换、多用户接入、移动性管理、网络安全几个部分。由于无线传输技术的主要内容已经在第 2 章介绍过了，这里不再赘述。

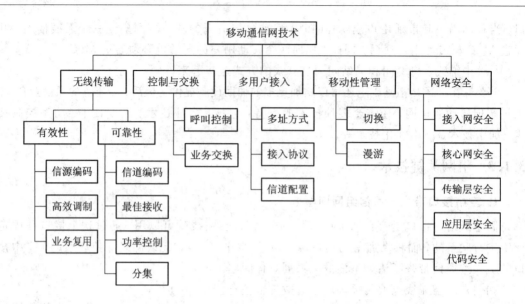

图 3-4　移动通信网关键技术

1. 无线传输

移动通信网的无线传输，依赖电磁信号进行通信传输。电磁信号受到能量、传输介质、遮挡等因素影响，会产生衰减，因此移动通信网络基站不可能做到区域无限覆盖。为了补偿信号的衰减，在进行移动通信组网时，需要设计合理的方案，实现在区域内的完全覆盖，保障通话不因信号盲区导致失败。为了保障通信质量，同时提高用户容量，还需要对干扰进行抑制、对容量进行管理，以及构建合理的网络结构，增加网络的可靠性。

2. 控制与交换

移动通信网承担着很大比例的话务业务，因此也需要利用信令完成接续任务。这部分的功能从电话网中继承下来，但是由于牵扯到无线信道的分配，因此要比有线电话网的接续更复杂一些。在交换方面，由于移动用户随时随地运动，甚至在某些移动系统中，移动用户不通话时发射机是关闭的，它与交换中心没有固定联系，因此移动通信的交换技术有着自身的特点，包括：位置登记、波道切换、漫游等，这也是进行组网时必须考虑的。

3. 多用户接入

移动通信网使用的频谱资源是极其宝贵和有限的，为了同时对多个用户、设备共享此信道资源，就必须提出多址技术的解决方案。多址技术与通信中的多路复用是一样的，实质上都属于信号的正交划分与设计，不同点是多路复用的目的是区分多个通道，而多址技术是区分不同的用户地址，通常需要利用射频频段辐射的电磁波来寻找动态用户地址，同时为了实现多址信号之间不互相干扰，信号之间必须满足正交特性。

4. 移动性管理

移动通信网络对于用户的位置更新、切换和漫游服务的移动性需要移动性管理（MM）。例如：在一个通话期间，当移动台进入了另一个小区并更换话音信道时，就发生了切换，在新的小区中可能通信参量与前一个有很大不同；而漫游是用户离开自己的注册地，前往一个新的服务区域展开通信业务，则新区需要为其开通通信资源，并与归属地进行交换获取用户必要信息等，这是固话网没有的新问题。

5. 网络安全

无线电通信网络中存在着各种不安全因素，如：无线窃听、身份假冒、篡改数据和服务后抵赖等。安防移动通信网络作为无线电通信网络的一种类型，同样存在着这些不安全因素。由于安防移动通信网络的特殊性，它还存在着其他类型的不安全因素。移动站与基站之间的所有通信都是通过无线接口来传输的，但无线接口是开放的，作案者可通过无线接口窃听信道而取得其中的传输信息，甚至可以修改、插入、删除或重传无线接口中的消息，达到假冒移动用户身份以欺骗网络终端的目的。因此，必须设计一整套安全防范的保护机制。

本章后续内容将围绕上述问题，择其要点展开介绍。

3.2　无线传输

3.2.1　区域覆盖

如第 2.5 节描述，电波传播存在损耗，因此基站和移动台之间的通信距离总是有限的，进而需提出移动通信网无线信号区域覆盖的解决方案。

目前区域覆盖可以分为大区制和小区制覆盖两种类型。

1. 大区制区域覆盖

整个服务区由一个基站覆盖的系统，被称为大区制移动通信系统，相应的区域覆盖方式被称为大区制区域覆盖。大区制区域指由一个基站(发射功率为 50～100 W)覆盖整个服务区，覆盖半径一般为 30～50 km，该基站负责服务区内所有移动台的通信与控制。大区制区域覆盖示意图如图 3-5 所示。

大区制的优点是：网络结构简单、成本低。其缺点是：容量小、区域覆盖受限；地形环境影响，例如山丘、建筑物等阻挡盲区；多径反射干扰；基站发射功率有限；移动台发射功率小，上下行存在增益差。因此，大区制

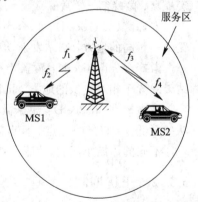

图 3-5　大区制区域覆盖示意图

的适用范围主要是小容量移动网，例如：集群等各种专用移动通信网，因此不属本书的讨论内容。

2. 小区制区域覆盖

小区制是指将整个服务区划分为若干小区，在每个小区设置基站，负责本小区内移动台的通信与控制。小区制的覆盖半径一般小于 25 km，基站的发射功率一般限制在一定的范围内，以减少小区间干扰。小区形状最常用为正六边形的蜂窝状服务区，目前公用移动通信系统的网络结构均为蜂窝状网络结构，故称为蜂窝移动通信系统，小区制区域覆盖示意图如图 3-6 所示。

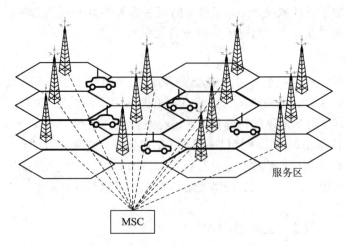

图 3-6　小区制区域覆盖示意图

小区制用多个小功率发射机代替单个大功率发射机，用多个小覆盖区代替一个大覆盖区；将整个系统的信道分成若干个信道组，每个基站分配整个系统可用信道中的一部分，并且给相邻的基站分配不同的信道组；通过系统地分隔整个系统的基站及它们的信道组，实现信道在整个系统的覆盖区域内复用。基于上述涉及，小区制很好地解决了大区制的突出问题。

小区制的蜂窝概念是在 1974 年由贝尔实验室提出的，根据蜂窝覆盖大小又可以分为宏蜂窝、微蜂窝、微微蜂窝。

宏蜂窝（macrocell）：每个小区的覆盖半径约为 1～25 km，用于大面积覆盖，基站天线置于相对高的地方，基站发射功率较强，但存在热点和盲点问题。

微蜂窝（microcell）：覆盖半径约为 30～300 m，基站发射功率小，一般为 1～2 W；基站天线置于相对较低的地方，可以解决热点、盲点问题。

微微蜂窝（picocell）：属于微蜂窝的一种，覆盖半径更小，一般只有几十米，基站发射功率更低，可以解决热点、盲点问题。

不同的体制小区制，组网覆盖实现方法略有区别。

3.2.2　干扰抑制

当无线信号源处于很密集的布局状态时，干扰就是一个非常严峻的问题，必须进行干扰抑制。

1. 干扰分析

移动通信的干扰是指在通信过程中发生的，由于外部环境或通信系统自身产生的导致有用信号接收质量下降、损害或者阻碍的情况。干扰信号主要是指通过直接耦合或者间接耦合方式进入接收设备信道或者系统的电磁能量，可以对移动通信的接收信号的质量产生影响，导致性能下降，质量恶化，信息误差或者丢失，甚至导致通信中断。从本质上来说，干扰是指未按频率分配规定的信号占据了合法信号的频率，造成合法信号无法正常工作。

网络干扰分为系统外部干扰和系统内部干扰，系统外部干扰又可分为自然干扰和它台干扰。自然干扰主要来自环境的自然噪声和人为活动干扰。自然噪声主要包括大气噪声、太阳噪声和银河噪声,以及风、雨、雪等带来的噪声。人为活动干扰包括:城市噪声、车辆发动机点火噪声、微波炉干扰噪声等。如非灾害级,特别强烈噪声,这些噪声一般可忽略。它台干扰是指因同型号、频率的其他台站引起的无线信道资源竞争。而移动通信网络中,由于频率复用引起的信道间干扰的系统内部干扰则是主要的干扰源,具体包括:互调干扰、邻道干扰、同频干扰、多址干扰、符号间干扰(ISI)、系统内部干扰。

互调干扰:是指两个或多个信号作用在通信设备的非线性器件上,产生有用信号频率相近的组合频率,从而对通信系统构成干扰的现象。

邻道干扰:是指相邻的或邻近频道的信号相互之间的干扰。目前,移动通信系统广泛使用的 VHF、UHF 电台,频道间隔是 25 kHz。然而,调频信号的频谱是很宽的,理论上说,调频信号含有无穷多个边频分量,当其中某些边频分量落入邻道接收机的通带内时,就会造成邻道干扰。

同频干扰:也称同道干扰,是指相同载频电台之间的干扰,是移动通信在组网中出现的一种干扰。在移动台密集之处,若频率管理或系统设计不当,就会造成同频干扰。在移动通信中,为了提高频率利用率,在相隔一定距离以外,可以使用相同的频率,称为同信道复用。显然,同信道小区相距愈远,同频道干扰就愈小,但频率利用率降低。因此,两者要兼顾考虑。

多址干扰:指同 CDMA 系统中多个用户的信号在时域和频域上是混叠的。因为 CDMA 系统为码分多址,CDMA 系统采用的是不同的地址码来区分每个用户,但多个用户的信号在时域和频域上是混叠的,所以在频域在产生一定的同频和邻频干扰,则为多址干扰。

符号间干扰:由无线电波传输多径与衰落以及抽样失真引起。而码间干扰指的就是多址干扰,主要是由于各用户信号之间存在一定的相关性造成的,而且会随承接用户数量和发射功率的增加而迅速增大。

系统内部干扰:来自检测系统内部,包括元器件、电源电路、信号通道、负载回路、数字电路等内部干扰因素。电阻器、电容器、晶体管、变压器和集成电路等电路元器件选择不当,材质不对、型号有误、焊接虚脱和接触不良时,就可能成为电路中最容易被忽视的干扰源。

因此,对干扰的分析和解决过程,是移动通信网络组网的重要组成部分。可以说,干扰是蜂窝无线系统性能的主要限制因素,与无线系统各个层面的质量指标密切相关,直接影响无线网络的容量。

2. 干扰抑制技术

移动通信中,由于存在多径效应而带来的深度衰落,因此适当的抗衰落技术是需要的;同样,移动信道中存在同频干扰、邻近干扰、互调干扰与自然干扰等各种干扰因素,因此采用抗干扰技术也是必要的。移动通信中主要的抗衰落、抗干扰技术有均衡、分集和信道编码 3 种技术,另外也采用交织、跳频、扩频、功率控制、多用户检测、语音激活与间断传输等技术。

均衡技术可以补偿时分信道中由于多径效应产生的 ISI，如果调制信号带宽超过了信道的相干带宽，则调制脉冲将会产生时域扩展，从而进入相邻信道，产生码间干扰，接收机中的均衡器可对信道中的幅度和延迟进行补偿，从而消除码间干扰。由于移动信道的未知性和时变性，因此均衡器需要是自适应的。分集技术是一种补偿信道衰落的技术，通常分集方式有空间分集、频率分集和时间分集，也可以在接收机中采用 RAKE 接收这样一种多径接收的方式，以提高链路性能。信道编码技术是通过在发送信息中加入冗余数据位来在一定程度上提高纠检错能力，移动通信中常用的信道编码有分组码、卷积码和 Turbo 码。信道编码通常被认为独立于所使用的调制类型，但随着网格编码调制方案、OFDM、新的空时处理技术的使用，这种情况有所改变，因为这些技术把信道编码、分集和调制结合起来，不需要增加带宽就可以获得巨大的编码增益。

关于均衡技术，还会在 5.3 节进行详细介绍。

以上技术均可以改进无线链路性能，但每种技术在实现方法、所需费用和实现效率等方面有很大的不同，因此实际系统中要认真选取合适的抗衰落、抗干扰技术。

3.2.3　容量管理

1. 蜂窝系统容量计算

系统容量是指一定频段内所能提供的信道数或用户的最大数目或系统输入话务总量，可以用一定频段内所能提供的信道数来表示系统容量，用符号 C_T 来表示，计算公式如下：

$$C_T = \beta L = \frac{N_S}{N} L \tag{3-1}$$

式中：C_T 是系统容量或信道总数，L 是无线信道总数，β 是区群复制次数，N 是区群（采用相同频率的小区）的大小，N_S 是系统中小区总数。由于同频干扰限制了系统容量，因此同频小区距离近，同频干扰大，频率复用率高；同频小区距离远，同频干扰小，频率复用率低。

为了理解上述公式，下面给出同频小区、同频复用距离等概念。

同频小区是指小区制移动通信网络中使用同一组频率的小区（如图 3-7 所示）。使用同频小区就是为了利用有限的频率资源为更多的用户提供服务。

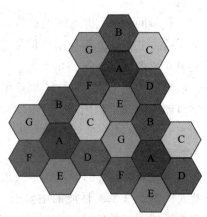

图 3-7　同频小区示意图

图 3-7 中，相同字母序号的小区使用相同的频率，因此称为同频小区。由于同频干扰是影响系统容量的主要因素，因此要对同频干扰进行合理的规划。为了进一步讨论同频干扰，还需介绍射频防护比、同频复用距离和同频复用系数几个参量。

射频防护比：接收机输出端有用信号达到规定质量的情况下，在接收机输入端测得有用射频信号功率与同频无用射频信号功率之比的最小值，称为射频防护比。

同频复用距离 D：当信号功率与同频干扰功率之比等于射频防护比时，两个同频小区之间的距离称为同频复用距离。

同频复用系数 Q：同频复用距离和小区半径之比。

基于上述参量，同频复用距离（如图 3-8 所示）可以描述为

$$D = D_{\mathrm{I}} + D_{\mathrm{S}} = D_{\mathrm{I}} + r_0$$

其中，D_{I} 是干扰基站与被干扰基站区域距离，D_{S} 是基站覆盖半径，r_0 是半径，则有，$Q = D/r_0$。

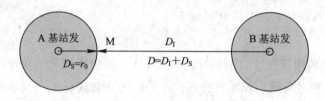

图 3-8 同频复用距离示意图

相邻区群小区的大小可以通过以下方法计算：从起点小区出发，垂直沿六边形任意边移动 j 个小区，逆时针旋转 $60°$，再移动 i 个小区（如图 3-9 所示），则可以计算区群大小 $N = i^2 + ij + j^2$，其中 $i \geqslant 0$，$j \geqslant 0$，$i + j > 1$。

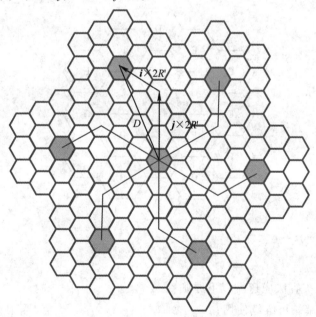

图 3-9 区群大小计算示意图

经计算可知，区群距离 $D = \sqrt{3N} \cdot R$，R 为一个单位小区的外接圆半径。

不难看出，N 越大，同频复用距离越远，复制的区群个数越少，频率复用越少，反之 N 越小，同频复用距离越近，复制的区群个数越多，频率复用越多。

由式(3-1)即可计算系统的容量。

2. 提高蜂窝系统容量的方法

基于上述系统容量的计算可以采用一些方法提高蜂窝系统容量。当无线服务需求增多时，可采用以下方法减小同频干扰以获取扩容。

(1) 小区分裂：降低 r_0，重组小区，把拥塞的小区分为几个更小的小区（依据：减小小区半径，即增大复用次数的方法）。

(2) 小区扇区化：通过使用定向天线，减少同频干扰（依据：保持小区半径不变，减小复用因子 $Q(Q=D/R)$，即减小簇的大小，从而提高频率复用的次数）。

(3) 微小区：既保持 r_0，又降低同频干扰。

1) 小区分裂

当小区所支持的用户数达到饱和时，系统可将小区裂变为几个更小的小区，以适应业务需求的增长，这种过程就叫作小区分裂。由于小区分裂减小了小区半径，因此服务区的小区总数变大，复用次数也就增多，因而能提高系统容量。一般而言，蜂窝小区面积越小，单位面积可容纳的用户数越多，系统的频率利用率就越高，但是越区切换的次数必然增加。

图 3-10 中，基站 A 被六个新的微小区基站所包围，每个微小区的半径都是原来小区的一半，只是按比例缩小了区群的几何形状，不改变原小区的信道分配策略。

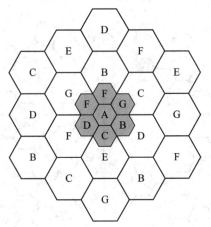

图 3-10　小区分裂示意图

选择小区分裂扩容法应遵循以下原则：

(1) 确保已建基站可继续使用；

(2) 应保持频率复用方式的规则性与重复性；

(3) 尽量减少或避免重叠区；

(4) 确保今后可继续进行小区分裂。

注意，不是所有的小区都同时分裂，需要注意同频小区之间的距离及切换。面积更小的小区中的发送功率应该较小。一般而言，需要保证在两种小区边沿的移动台接收到的功率 P_r 相等。对于六边形小区，通常小区半径减少 50%，则频率复用使可用的频道数增加 4

倍，基站数也是增加 4 倍。当某区域同时存在两种规模的小区时，必须将信道分为两组：一组需适应小的小区的复用需求；另一组需适应大的小区的复用需求。大小区用于高速移动的移动台，切换的次数将减小，系统用于切换的开销也减少。

2）小区扇区化（裂向）

使用定向天线来减小同频干扰，从而提高系统容量的技术叫做裂向。该方法保持小区半径不变，即不降低发射功率的前提下，减小相互的干扰，即减小信道复用系数 Q 值，所以可减小系统的 N 值，也就是可提高频率复用的次数，从而提高系统容量。

使用裂向技术后，某小区中使用的信道为分散的组，每组只在某个扇区中使用。也就是每组在一个小区内移动而实际也发生扇区间的切换。同时裂向技术要求每个基站不只使用一根天线，小区中可用的信道数必须划分，分别用于不同的定向天线，于是中继信道同样也分为多个部分，这样将降低中继效率。

如图 3-11 所示，GSM 系统中最常用和最典型的复用方式，采用 4 个基站区 12 个扇形小区为一簇的频道组配置，每个基站分为 3 个扇区，适用于话务量较高和用户密度较大的地区。

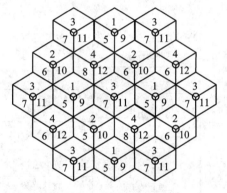

图 3-11　小区裂向示意图

3）微小区

将每个小区再分为多个微小区，每个微小区的服务天线安放于小区的外边沿，多个区域站点与一个单独的基站相连，并且共享同样的无线设备，信道的分配由基站决定并且不固定，移动台在小区内不同微小区之间移动可以不需要切换信道。这种连接可以是同轴电缆、光导纤维和微波链路。

微小区技术的优点：小区既可以保证覆盖半径，又能够减小蜂窝系统的同频干扰。这是因为：在原小区范围内仍可以自由移动，不需要切换；基站的辐射限制在微小区范围内，好似小区分裂，辐射半径减小，同频干扰也就减小。

3. 多信道共用提升容量

进一步，可以采用多信道共用技术提升容量。如果不采用信道共用方式的独立信道方式，信道利用率不高。若一个小区内有 n 个信道，把多个用户也分成 n 组，每组用户分别被指定一个信道，不同信道内的用户不能互换信道。

信道共用包括：地区复用（小区间利用空间隔离来实现有效利用，即频率复用）和信道共用(小区内利用时间隔离实现有效利用)。信道共用时,小区内的所有信道对所用用户共享,移动用户可选取小区内的任一空闲信道通信,则大大提高了小区内信道利用率。

3.3　控制与交换

3.3.1　信令控制

信令是与通信有关的一系列控制信号。在电话通信系统中,区别于通信用的有用信号,把话音信号以外的信号统称为"信令"。移动通信网用户信号是直接通过移动通信网由发信者传输到收信者的,而信令需要在移动通信网的移动台、基站、基站控制中心和移动交换中心之间传输,并对其进行分析、处理来形成一系列操作和控制。为了实现对移动通信网络的控制、状态监测和信道共用,必须要有完善的控制功能。移动通信信令就是用来表示移动通信系统状态信息和完成移动通信系统控制功能的有效方法。在电信网中信令的基本功能是:建立呼叫、监控呼叫、清除呼叫。在移动通信网中,信令的操作过程如图3－12所示。

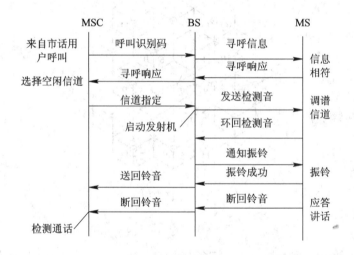

图 3－12　移动通信网信令的操作过程

此外,移动通信网的信令比固话电话系统的信令丰富,按功能分类可以分为:状态标志信令、操作指示信令、拨号信令、选呼信令、控制信令,此外,还有监视信令。若按应用范围分类,移动通信网信令可分为:MSC 与 PSTN 之间的信令、MSC 与 MSC 之间的信令、MSC 与 BS 之间的信令以及 MS 与 BS 之间的信令等。

3.3.2　业务交换

移动业务是来自各运营商提供的业务,而以最低成本,最大程度的满足用户业务需求是运营商选择网络技术的最重要的参考标准,同时也是网络技术不断演进的原动力。运营商采用的网络技术决定了运营商可以开展的业务,只有运行有效、丰富多彩的网络业务,才能使得网络具有充分的活力。

1. 移动业务种类

移动通信系统业务分为基本业务，补充业务，增值业务三大类：

1）基本业务

基本业务是指利用基本的通信网络资源即可向用户提供的通信业务，又可分为：基本电信业务、基本承载业务和其他基本业务三类。基本电信业务为用户通信提供的，包括终端设备功能在内的完整信息表达能力（高层能力），如语音电话业务、紧急呼叫、MO-SMS、MT-SMS 等。基本承载业务：承载业务提供用户接入点间信号传输的能力（低层能力），如电路承载、分组承载。其他基本业务：如 ODB 业务、基于 USSD 的业务、区域签约限制业务等。电信业务提供用户端到端的通信业务。网络端需要读取数据中的控制信息才能对其实施控制。

1G 到 3G 的业务演进如图 3-13 所示。

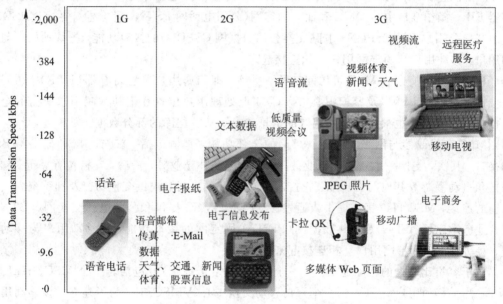

图 3-13　1G-3G 移动通信网业务演进

承载业务表示基本的通信性质的术语，含义是在通信时，不了解通信内容，只是将数据作为比特流进行传输的性质。

目前，主要的基本业务有：手机停机/复机、挂失解挂、PUK 码查询、手机呼叫转移、来电显示、国际漫游、呼叫保持、呼出限制、国内漫游电话、国内长途电话、靓号预约、WLAN 停开机等。

2）补充业务

补充业务是指利用基本的通信网络资源，但不能单独提供而必须和基本业务一起向用户提供的业务。

目前的补充业务有：主叫号码识别、无条件呼转、遇忙呼转、呼叫等待、呼叫限制以及多方通话等。

3）增值业务

增值业务是指利用基本的通信网络资源、相关的业务平台资源以及 SP/CP 资源，能够独立向用户提供的业务，如 VPMN、随 E 行、视频点播、手机钱包等。

目前，主要的增值业务有：来电名片、手机上网流量包、电子账单定制、短信包、七彩铃音、语音短信、新闻早晚报、通信助理、亲情号码设置、手机邮箱、备份（PIM）受理、短信助手、音乐下载、游戏、动漫、法律秘书、理财顾问、手机阅读、WAP 业务、手机炒股、加密通信等。

新的业务还在不断涌现。

2. 业务交换

移动业务交换中心（MSC）是网络的核心，它是提供交换功能及面向系统其他功能的实体，包括：基站子系统 BSS、归属用户位置寄存器 HLR、鉴权中心 AUC、移动设备识别寄存器 EIR、操作维护中心 OMC 和面向固定网（公用电话网 PSTN、综合业务数字网 ISDN、分组交换公用数据网 PSPDN、电路交换公用数据网 CSPDN）的接口功能，把移动用户与移动用户、移动用户与固定网用户互相连接起来。

移动业务交换中心 MSC 可访问三种数据库，即归属用户位置寄存器（HLR）、访问用户位置寄存器（VLR）以及鉴权中心（AUC）获取处理用户位置登记和呼叫请求所需的全部数据。反之，MSC 也根据其最新获取的信息请求更新数据库的部分数据。

MSC 完成或参与网络子系统（NSS）的全部功能，具体包括：首先，MSC 提供与 BSC 的接口，其次，支持一系列的电信业务，承载业务和补充业务；最后，支持位置登记、越区切换和自动漫游等其他网络功能。它控制所有 BSC 的业务，提供交换功能及和系统内其他功能的连接，MSC 可以直接提供或通过移动网关 GMSC 提供和公共电话交换网（PSTN）、综合业务数字网（ISDN）、公共数据网（PDN）等固定网的接口功能，把移动用户与移动用户、移动用户和固定网用户互相连接起来。

对于容量比较大的移动通信网，一个 NSS（网络子系统）可包括若干个 MSC、HLR 和 VLR。当某移动用户 A 进入到一个拜访移动交换中心（VMSC）时，为了建立对该移动用户 A 的呼叫，就要通过移动用户 A 所归属的 HLR（归属位置寄存器）获取路由信息。

在现有的网络中，一个 MSC 必然与一个 VLR 相连，当用户漫游到新的 MSC 服务区时，与此 MSC 相连的 VLR 就会向用户归属位置寄存器 HLR 请求发送用户数据，以便在新的 MSC 中提供相应的服务。HLR 将用户信息拷贝到新的 VLR 中，以完成用户位置更新。

3.4　多用户接入

3.4.1　多址方式

多址技术把处于不同地点的多个用户接入一个公共传输媒介，实现各用户之间通信，因此，多址技术又称为"多址连接"技术。从本质上讲，多址技术是研究如何将有限的通信资源在多个用户之间进行有效的切割与分配，在保证多用户之间通信质量的同时，尽可能地降低系统的复杂度并获得较高系统容量的一门技术。其中，对通信资源的切割与分配也就是对多维无线信号空间的划分，在不同的维度进行不同的划分就对应着不同的多址技术。移动通信中常用的多址技术有 3 类，即 FDMA、TDMA、CDMA，实际中也常用到这 3 种基本多址方式的混合多址方式。

1. FDMA

在频分多址（Frequency Division Multiple Access，FDMA）通信网络中，将可使用的频段按一定的频率间隔（如：25 kHz 或 30 kHz）分割成多个频道。众多的移动台共享整个频段，根据按需分配的原则，不同的移动用户占用不同的频道。各个移动台的信号在频谱上互不重叠，其宽度能传输一路语音信息，而相邻频道之间无明显干扰。为了实现双工通信，信号的发射与接收就使用不同的频率（称之为频分双工），收发频率之间有一定的间隔，以防同一部电台的发射机对接收机的干扰。这样，在频分多址中，每个用户在通信时要用一对频率（称为一对信道）。

2. TDMA

时分多址（Time Division Multiple Access，TDMA）是把时间分割成周期性帧，每一帧再分割成若干个时隙（无论帧或时隙都是互不重叠的），然后根据一定的时隙分配原则，使移动台在每帧中按指定的时隙向基站发送信号，基站可以分别在各个时隙中接收到移动台的信号而不混淆。同时，基站发向多个移动台的信号都按规定在预定的时隙中发射，各移动台在指定的时隙中接收，从合路的信号中提取发给它的信号。

3. CDMA

在码分多址（Code Division Multiple Access，CDMA）通信系统中，不同用户传输信息所用的信号不是通过频率不同或时隙不同来区分的，而是用各自的编码序列来区分，或者说，通过信号的不同波形来区分。如果从频域或时域来观察，多个 CDMA 信号是互相重叠的，接收机通过相关器可以在多个 CDMA 信号中选出使用预定码型的信号，其他使用不同码型的信号因为和接收机本地产生的码型不同而不能进行解调。它们的存在类似于在信道中引入了噪声或干扰，通常称之为多址干扰。CDMA 系统既不分频道也不分时隙，无论传送何种信息的信道都采用不同的码型来区分，这些码型均占用相同的频段和时间。

4. 其他多址技术

在 3G 以及之后的移动通信网络系统中，为进一步扩展容量，也辅助使用空分多址（SDMA）技术，当然它需要智能天线技术的支持。在蜂窝系统中，随着数据业务需求日益增长，另一类随机多址方式（如 ALOHA 和 CSMA 等）也得到了广泛应用。在 4G 通信系统中，使用了 OFDMA 等多址接入技术，而随后在移动通信系统研究中基于滤波器组的多载波（FBMC）等先进多址技术引起人们重视。

关于多址接入技术，将在第 6 章进行详细介绍

3.4.2　接入协议

1. 接入网技术

接入网（Access Network，AN）是指本地交换机与用户终端设备之间的实施网络，有时也称之为用户网（User Network，UN）或本地网（Local Network，LN）。接入网处于通信

网的末端，直接与用户连接，它包括本地交换机与用户端设备之间的所有实施设备与线路，它可以部分或全部替代传统的用户本地线路网，可含复用、交叉连接和传输功能。

　　如图 3-14 所示，接入网介于各种网络业务的终端设备(TE)和本地交换局(LE)之间，其中 ET 为交换设备。可以说没有接入技术和接入网，性能再优异的网络都无法为用户提供有效的通信服务。

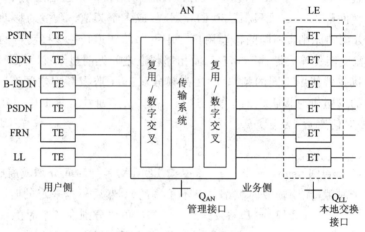

图 3-14　移动通信网业务

　　对接入网进行分层，可以分为电路层、传输通道层和传输媒质层。电路层(CL)涉及电路层接入点之间的信息传递并独立于传输通道层；传输通道层(TP)涉及通道层接入点之间的信息传递并支持一个或多个电路层，为其提供传送服务，通道的建立可由交叉连接设备负责；传输媒质层(TM)与传输媒质(如：光缆、微波、蜂窝网络等)有关，它支持一个或多个通道层，为通道层节点之间提供合适的通道容量。

　　目前，人们已经开发出了多种网络接入技术(包括有线接入和无线接入两部分)，具体如图 3-15 所示。

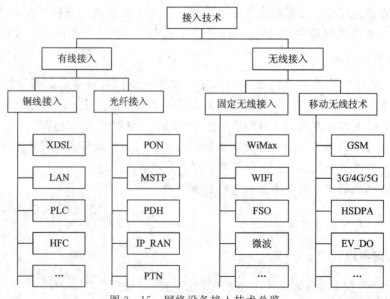

图 3-15　网络设备接入技术总览

有线接入网是用铜线（缆）、光缆、同轴电缆等作为传输媒介的接入网。由图 3 - 15 可知，目前主要有铜线接入网、光纤接入网、混合光纤/同轴电缆（HFC）接入网三类，实例技术包括：ISDN、XDSL、PON、CATV 等。

无线接入网可分为固定无线接入网和移动无线接入网两大类。固定无线接入网主要为固定位置的用户或仅在小区内移动的用户提供服务，包括：直播卫星（DBS）系统、微波存取全球互通（WiMAX）系统、无线局域网（WLAN）等。移动无线接入网可为移动体用户提供各种电信业务，包括：1G～5G 移动通信接入网技术。

2. 无线接入

与有线接入网相比，无线接入网具有建设周期短；在通信距离较长时，具有较好的经济性；抗灾变能力强；能同时向用户提供固定接入和移动接入的特点。本书主要关注的是移动无线接入网技术。无线接入网技术通过无线介质将用户终端与网络节点连接起来，无线信道传输的信号遵循一定的协议，这些协议即构成无线接入网技术的主要内容。

无线接入网利用模拟蜂窝移动通信技术，如 TACS、AMPS 等技术体制和数字蜂窝移动通信技术，产生了很多方案和升级，典型的是：GSM、CDMA、LTE、5G 等。

GSM：GSM 即全球移动通信系统（Global System for Mobile Communications），是一种起源于欧洲的移动通信技术标准，是第二代移动通信技术。该技术是目前个人通信技术的一种常见技术代表。它用的是窄带 TDMA，允许在一个射频即"蜂窝"同时进行 8 组通话。GSM 是 1991 年开始投入使用的。到 1997 年底，已经在 100 多个国家运营，成为欧洲和亚洲的标准。GSM 数字网具有较强的保密性和抗干扰性、音质清晰、通话稳定，并具备容量大、频率资源利用率高、接口开放、功能强大等优点。

GPRS：GPRS（General Packet Radio Service，通用无线分组业务）是一种基于 GSM 系统的无线分组交换技术，提供端到端的、广域的无线 IP 连接。相对原来 GSM 的拨号方式的电路交换数据传送方式，GPRS 是分组交换技术，具有"实时在线""按量计费""快捷登录""高速传输""自如切换"的优点。通俗地讲，GPRS 是一项高速数据处理的技术，方法是以"分组"的形式传送资料到用户手上。GPRS 是 GSM 网络向第三代移动通信系统过渡的一项 2.5 代通信技术，在许多方面都具有显著的优势。

CDMA：码分多址（CDMA）与 GSM 一样，也是属于一种比较成熟的无线通信技术。与使用 TDMA 技术的 GSM 不同的是，CDMA 并不给每一个通话者分配一个确定的频率，而是让每一个频道使用所能提供的全部频谱。因此，CDMA 数字网具有以下几个优势：频带利用率高、网络容量大、网络规划简化、通话质量高、保密性好、信号覆盖广，不易掉话等。另外，CDMA 系统采用编码技术，其编码有 4.4 亿种数字排列，每部手机的编码还能随时变化，这使得盗码只能成为理论上的可能。

LTE：LTE（Long Term Evolution，长期演进）采用随机接入功能，空中接口 UE 只有通过随机接入过程，与系统的上行同步以后，才能够被系统调度进行上行的传输。LTE 中的随机接入分为基于竞争的随机接入和无竞争的随机接入两种形式。

5G：在 5G 网络中，一方面垂直行业与移动网络深度融合，带来了多种应用场景，每种场景又提供多种多样的服务。运营商用端到端网络切片给 5G 用户提供不同服务。另一方面,5G 网络是异构网络,不同的网络切片使用的接入技术不同,面临的终端种类也不同。海量的不同种类的终端需要安全接入到不同的接入网中,需要一个统一的接入认证框架。该框架必在保证多种用户终端能安全接入到对应接入网,并且还要为不同终端和接入网提供差异化接入认证服务,是一种完全不同的全新接入协议。

3.5 移动性管理

3.5.1 切换

切换是指为处于移动中的用户提供网络服务,因此移动通信网具有越区切换和位置管理等一些移动性管理功能。当处在通话过程中的移动用户从一个小区进入另一个相邻小区时,其工作频率及基站与移动交换中心所用的接续链路必须从用户离开的小区转换到正在进入的小区,这一过程称为"越区切换"。越区分为两大类,一类是硬切换,另一类是软切换。硬切换是指在新的连接建立以前,先中断旧的连接;而软切换是指既维持旧的连接,又同时建立新的连接,并利用新旧链路的分集合并来改善通信质量,与新基站建立可靠连接之后再中断旧链路。软切换和硬切换相比,可以大大减少掉话的可能性,是一种无缝切换。越区切换要考虑切换的准则、切换的策略以及切换时的信道分配3个方面的问题。切换准则以及切换流程的设计(或者说切换算法)关系到系统性能,切换的依据主要是移动台接收信号的强度,也可以是移动台接收的信噪比、误比特率、系统 QoS、话务量等参数;切换的策略控制方式有 3 种:移动台控制、MSC 控制、移动台辅助切换(MAHO)。2G 采用了移动台辅助切换方式;切换时的信道分配采取了优先切换的策略。位置管理包括位置登记和呼叫传递两个主要任务,在 2G 中,位置管理采用两层数据库,即归属位置寄存器(HLR)和访问位置寄存器(VLR),分别记录移动台注册位置信息和实时位置信息。正是有了这些位置信息,才能实现对移动台的快速有效的寻呼,并实现正确的计费。

当移动用户处在非归属服务区的位置,并寻求移动服务时,蜂窝系统可以给其提供漫游服务。

3.5.2 漫游

移动电话用户不更换终端、不改变号码、不需要登记,在其归属地城市(以本地电话网为界)以外的国内其他城市、国(境)外地区仍然正常进行移动通信的业务称为自动漫游业务。因此,漫游是移动电话用户常用的一个术语。漫游分国内漫游,国际漫游两种,且漫游只能在网络制式兼容且已经联网的国内城市间或已经签署双边漫游协议的地区或国家之间进行。

一个漫游的移动用户在移动通信网络内可以自由地移动,网络保持对移动用户的位置的跟踪。为了使网络能够跟上对移动用户当前位置的跟踪,MS(Mobile Station)必须在其改变位置区(location area)时通知系统。位置区是由一个或几个 BTS 来处理的定义区域,在这个区域内,MS 可以自由地移动而不需要通知系统,位置区由一个或者几个 BSC 来控制，但只属于一个 MSC，这个过程称为位置更新。

位置更新的方式有以下四种：

(1) 普通位置更新，不同 BTS(基站)间的位置更新。

(2) IMSI 附着，用户开机时的位置更新。

(3) IMSI 分离，用户关机或者取出 SIM 卡时的位置更新。

(4) 周期性位置登记，移动台定期向网络进行位置登记。

移动通信网需要将位置变更消息记载在数据库中，这个数据库称为位置寄存器。记录过程包括：无线网络收到对该手机的被叫请求后，首先查找位置寄存器，确定手机当前所处的位置区；再将被叫的请求发送到该位置区的基站，由这些基站对手机进行寻呼。

为了支持漫游，通常会有两个位置寄存器记录用户位置，即归属位置寄存器(HLR)和访问位置寄存器(VLR)。用户由一个位置区进入另外一个位置时，会从 HLR 中下载新的数据到 VLR 中，并删除前一个 VLR 的信息。上述这个过程可以描述为以下步骤：

(1) 移动站 MS 向 MSC 发送位置更新请求；

(2) MSC 向客户的 HLR 发送位置更新请求；

(3) HLR 回送位置更新接受；

(4) MSC 对 VLR 中该客户的 IMSI 作标记，并向 MS 回送位置更新证实；

(5) HLR 通知原来的 MSC 删除 VLR 中有关该 MS 的客户数据。

移动性管理进一步保障了用户在移动通信网中游走的自由度。

3.6　网络安全

3.6.1　通信安全概述

1. 通信安全定义

通信安全是采用信源、终端和信道等加密技术和方法，隐蔽信息真实内容的一种通信方式。自从人类开始用笔书写，他们就开始实践通信安全技术，它不仅与电报、军事或爱情相关，已进入人类生活的很多层面，围绕通信保密所展开的斗争甚至远胜于其本身，它是人类智力的另类较量。在当今这个纷繁复杂的人类社会，各种邪恶势力、潜在敌人和黑客等为了得到一个国家各个领域内的重要情报，从未间断过针对各种通信的窃听、监控和破译。在这种情况下，每个国家都不得不采用越来越先进的通信保密技术，以确保国家正常的通信保密不受现实威胁。

2. 通信安全服务

安全服务是保证信息正确性和传输保密性的一类服务，其目的在于利用一种或多种安全机制阻止安全攻击。对于信息系统而言，安全服务通常包括以下几个方面。

(1) 机密性。机密性是指保证信息不泄露给非授权的用户或实体，确保存储的信息和被传输的信息仅能被授权的各方得到，而非授权用户即使得到信息也无法知晓信息内容，不能使用。通常通过访问控制阻止非授权用户获得机密信息，通过加密变换阻止非授权用户获知信息内容。

（2）完整性。完整性是指信息未经授权不能进行篡改的特征，维护信息的一致性，即信息在生成、传输、存储和使用过程中不应发生人为或非人为的非授权篡改（插入、修改、删除、重排序等）。一般通过访问控制阻止篡改行为，同时通过消息摘要算法来检验信息是否被篡改。

（3）认证性。认证性是指确保一个消息的来源或消息本身被正确地标识，同时确保该标识没有被伪造。认证分为消息认证和实体认证。消息认证是指能向接收方保证该消息确实来自它所宣称的源；实体认证是指在连接发起时能确保这两个实体是可信的，即每个实体确实是它们宣称的那个实体，第三方也不能假冒这两个合法方中的任何一方。

（4）不可否认性。不可否认性是指能保障用户无法在事后否认其曾经对信息进行的生成、签发、接收等行为，是针对通信各方信息真实性、一致性的安全要求，为了防止发送方或接收方抵赖所传输的消息，要求发送方和接收方都不能抵赖所进行的行为。当发送一个消息时，接收方能证实该消息确实是由既定的发送方发来的，称为源不可否认性；同样，当接收方收到一个消息时，发送方能够证实该消息确实已经送到了指定的接收方，称为宿不可否认性。一般通过数字签名来提供抗否认服务。

（5）可用性。可用性是指保障信息资源随时可提供服务的能力特性，即授权用户根据需要可以随时访问所需信息。保证合法用户对信息资源的使用不被非法拒绝。拒绝服务攻击就是对可用性的一种攻击。

也就是说，实现上述安全服务的通信系统/网络，就是安全。

3.6.2　移动通信网安全威胁

移动通信网的安全不止面临固定网络的安全问题，还面临自身特有的安全问题。理论上，移动通信网的各个位置环节均存在安全隐患，突出的威胁有以下几个方面。

1. 无线接口中的不安全因素

在移动通信网络中，移动站与固定网络端之间的所有通信都是通过无线接口来传输的，但无线接口是开放的，作案者可通过无线接口窃听信道而取得其中的传输信息，甚至可以修改、插入、删除或重传无线接口中的消息，达到假冒移动用户身份以欺骗网络终端的目的。根据攻击类型的不同，又可分为非授权访问数据、非授权访问网络服务、威胁数据完整性三种攻击类型。

（1）非授权访问数据类攻击。非授权访问数据类攻击的主要目的在于获取无线接口中传输的用户数据或信令数据。其有以下几种：窃听用户数据，获取用户信息；窃听信令数据，获取网络管理信息和其他有利于主动攻击的信息；无线跟踪，获取移动用户的身份和位置信息，实现无线跟踪；被动传输流分析，猜测用户通信容和目的；主动传输流分析，获取访问信息。

（2）非授权访问网络服务类攻击。在非授权访问网络服务类攻击中，攻击者通过假冒一个合法移动用户身份来欺骗网络端，获得授权访问网络服务并逃避付费，由被假冒的移动用户替攻击者付费。

（3）威胁数据完整性类攻击。威胁数据完整性类攻击的目标是无线接口中的用户数据流和信令数据流，攻击者通过修改、插入、删除或重传这些数据流来达到欺骗数据接收方的目的，完成某种攻击意图。

2．网络端的不安全因素

在移动通信网络中，网络端的组成比较复杂。它不仅包含许多功能单元，而且不同单元之间的通信媒体也不尽相同。所以安防移动通信网络端同样存在着一些不可忽视的不安全因素，如：身份假冒、非法获取、篡改数据、不良信息和服务后抵赖等。

按攻击类型的不同，可分为四类。

（1）由于网络端协议体系缺乏安全性考虑，导致网间异常信令流程的越权访问，非法实体利用通信协议的安全漏洞针对核心网进行非法访问与攻击，包括：身份假冒、对信令内容修改、路由配置信息篡改等，直接干扰信令网的正常运行。

（2）由于网络端核心数据的集中关联存储、绑定传输和使用，同时各网元之间又没有严格的鉴权认证机制，造成关键数据可能被非法获取、恶意篡改、删除、重放，进而欺骗用户和网络，使用户不能进行正常的通信。

（3）由于当前多种网络的融合互通，导致大量的不良媒体信息不能有效地过滤检出，则因内容安全对广大用户产生恶劣的影响。

（4）由于用户的移动性，追溯困难，可能导致服务后抵赖类攻击。服务后抵赖类攻击是在通信后否认曾经发生过此次通信，从而逃避付费或逃避责任，具体表现如下：付费抵赖，拒绝付费；发送方否认，不愿意为发送的消息服务承担付费责任；接收方抵赖，不愿意为接收的消息服务承担付费责任。

3．移动端的不安全因素

移动通信网络的移动端是由移动站组成的。移动站不仅是移动用户访问移动通信网的通信工具，它还保存着移动用户的个人信息，如移动设备国际身份号、移动用户国际身份号、移动用户身份认证密钥等。移动设备国际身份号 IMEI 代表一个唯一的移动，而移动用户国际身份号和移动用户身份认证密钥也对应一个唯一的合法用户。由于移动在日常生活中容易丢失或被盗窃，由此给移动带来了如下的一些不安全因素：

（1）使用盗窃或捡来的移动访问网络服务，不用付费，给丢失移动的用户带来了经济上的损失。

（2）若不法分子读出移动用户的国际身份号和移动用户身份认证密钥，就可以"克隆"许多移动，并从事移动的非法买卖，给移动用户和网络服务商带来了经济上的损失。

（3）不法分子还会更改盗窃或捡来的移动的身份号，以此防止被登记在丢失移动的黑名单上等。

必须针对上述安全威胁提出防护方案。

3.6.3　移动通信网安全技术

为提升无线通信系统的安全性能可采取如下几种安全防护技术。

1．接入网安全

用户信息通过开放的无线信道进行传输，因而很容易受到攻击。第二代移动通信系统的安全标准主要关注的也是移动台到网络的无线接入这一部分的安全性能。

在 3G 系统中，提供了相对于 GSM 而言更强的安全接入控制，同时考虑了与 GSM 的兼容性，使得 GSM 平滑地向 3G 过渡。与 GSM 中一样，3G 中用户端接入网安全也是基于一个物理和逻辑上均独立的智能卡设备，即 USIM。

接入网安全技术将主要关注如何支持在各异种接入媒体包括蜂窝网、无线局域网以及固定网之间的全球无缝漫游。

2. 核心网安全技术

早期的移动通信系统并未定义核心网安全技术。但是随着技术的不断发展，核心网安全也已受到了人们的广泛关注，并被列入 3GPP 的标准化规定。从 3G 核心网开始已经实现向全 IP 过渡，因而它也需面对 IP 网所固有的一系列安全问题。因特网安全技术在核心网中发挥越来越重要的作用。

3. 传输层安全

尽管现在已经采取了各种各样的安全措施来抵抗网络层的攻击，但是随着 WAP 和 Internet 业务的广泛使用，传输层的安全也越来越受到人们的重视。在这一领域的相关协议包括 WAP 论坛的无线传输层安全(WTLS)、IEFT 定义的传输层安全(TLS)或其之前定义的 socket 层安全(SSL)。这些技术主要是采用公钥加密方法，因而 PKI 技术可被用来进行必要的数字签名认证，提供给那些需要在传输层建立安全通信的实体以安全保障。

与接入网安全类似，用户端传输层的安全也是基于智能卡设备。在 WAP 中即定义了 WIM。当然在实际应用中，可以把 WIM 嵌入到 USIM 中去。但是现阶段 WAP 服务的传输层安全解决方案中仍存在着缺陷，WTLS 不提供端到端的安全保护。当一个使用 WAP 协议的移动代理节点要与基于 IP 技术的网络提供商进行通信时，就需要通过 WAP 网关，而 WTLS 的安全保护就终结在 WAP 网关部分。如何能够提供完整的端到端安全保护，已经成为 WAP 论坛和 IETF 关注的热点问题。

4. 应用层安全

在 3G 及以后的移动通信系统中，除提供传统的话音业务外，电子商务、电子贸易、网络服务等新型业务成为重要业务发展方向。因而更多地考虑在应用层提供安全保护机制。

端到端的安全以及数字签名可以利用标准化 SIM 应用工具包来实现，在 SIM/USIM 和网络 SIM 应用工具提供商之间建立一条安全的通道。

5. 代码安全

在第二代移动通信系统中，所能提供的服务都是固定的、标准化的，但是在 3G 系统中各种服务可以通过系统定义的标准化工具包来定制(比如 3GPPTS23.057 定义的 MExE)。MExE 提供了一系列标准化工具包，可以支持手机终端进行新业务和新功能的下载。在这一过程中，虽然考虑了一定的安全保护机制，但相对有限。

上述安全技术基本可以应对当前的安全威胁挑战。

3.6.4　移动通信网安全实现

移动通信网的安全技术实现包括空中接口鉴权、空中接口加密、端到端加密、移动保护等。

1. 空中接口鉴权

该技术主要用于在通信双方建立通信时进行身份认证，避免未授权用户接入集群通信系统,同时避免授权用户接入假冒系统。该技术的实现过程为:系统为每一终端分配一个唯一的鉴权密钥,该密钥用于标明用户的身份。当用户在覆盖区域内接入集群系统时首先要在基站和用户之间进行鉴权,发起鉴权方应向被鉴权方发送会话密钥,只有授权用户使用所分配的鉴权密钥才能生成与鉴权方相同的应答密钥,通过空口鉴权,完成网络接入。

鉴权保护网络可以防止非法接入。

2. 空中接口加密

为保证通信数据的安全,需要对通信链路中的信息进行加密处理,加密后的数据只能使用相应的解密密钥才能被真正还原,保证无线通信的安全性和完整性。空中加密主要对象为通信信令和通信数据。由于集群系统可支持的业务类型有多种,为进一步提升通信数据的安全性和可靠性,可针对不同的业务类型设定不同的加密秘钥或加密方式。常用的加密密钥有导出密钥、静态密钥、公共密钥以及组密钥四种。导出密钥用户对通信信令与个呼进行加密;公共密钥可与组密钥共同构成组呼密钥,且该密钥需要再次经由鉴权密钥进行处理。

加密保护能防止被非法窃听。

3. 端到端加密

除了外部威胁外,集群系统还面临来自内部的信息安全威胁,且由于系统内部所传输的数据为明文,故其所能够造成的损失更加严重。为保证内部网络内传输的数据不受窃听、篡改以及破坏等需要选择多种加密算法和加密技术对端到端的数据传输进行加密。常用的加密算法有序列码流加密技术和分组码加密技术等。

4. 移动保护

移动生产商为每部手机分配一个全球唯一的国际移动设备号 IMEI,当用手机访问移动通信网络时,它必须传 IMEI 给网络端设备号登记处 EIR;EIR 检查该 IMEI 是否存在丢失和失窃。若存在上述现象,则 EIR 就传一个信令将该手机锁起来,此时使用者自己不能开锁,不能继续使用这个手机,这个在很大程度上防止了非法用户用捡来或偷来的手机滥用网络服务而由丢失手机的合法用户付费的情况。但是也有一些不法分子应用高科技改变偷来的 IMEI。为防止修改手机的 IMEI,移动生产商通常将 IMEI 设置在一个保护单元,即具有物理防撬功能的只读存储器。

第 4 章　数字调制技术

移动通信系统所采用的调制方式是多种多样的,本章主要介绍移动通信对数字调制的要求、线性调制技术、恒包络调制技术、"线性"和"恒包络"相结合的调制技术以及扩频调制技术。

4.1　数字调制技术基础

调制就是对信号源的信息进行处理,使其变为适合传输形式的过程。调制的目的是使所传送的信息都能更好地适应信道特性,以达到最有效和最可靠的传输。从信号空间观点来看,调制实质上是从信道编码后的汉明空间到调制后的欧氏空间的映射或变换。移动通信系统的调制技术包括用于第一代移动通信系统的模拟调制技术和用于现今及未来系统的数字调制技术。由于数字通信具有建网灵活,容易采用数字差错控制和数字加密,便于集成化,便于存储、处理和交换等优点,因此通信系统都在由模拟方式向数字方式过渡。而移动通信系统作为整个通信网络的一部分,其发展趋势也必然是由模拟方式向数字方式过渡,所以现代的移动通信系统都使用数字调制方式。

4.1.1　调制的目的和要求

调制的目的是使所传送的信息能更好地适应于信道特性,以达到最有效和最可靠的传输。在移动通信中,由于电波传播的条件恶劣,快衰落的影响,使接收信号幅度发生急剧变化,因此必须采用抗干扰能力强的调制方式。移动通信的数字调制要求是:

(1) 必须采用抗干扰能力较强的调制方式;

(2) 尽可能地提高频谱利用率;

(3) 占用频带要窄,带外辐射要小;

(4) 在占用频带宽的情况下,单位频谱所容纳的用户数要尽可能多;

(5) 同频复用的距离要小;

(6) 具有良好的误码性能;

(7) 能提供较高的传输速率,使用方便、成本低。

4.1.2　基本的数字调制技术

最基本的数字调制是二进制调制,包括:二进制幅移键控(2ASK)、二进制频移键控(2FSK)、二进制相移键控(2PSK)。一般不特指时,表示是二进制调制,2ASK、2FSK、2PSK 可写成 BASK、BFSK 和 BP5K,也可简写为 ASK、FSK、PSK。但二进制调制的性能较差,不能满足通信系统的要求,目前实际中应用更多的是多进制数字调制和改进型的数字调制技术,如正交调幅(QAM)、最小频移键控(MSK)、正交相移键控(QPSK)等。

数字调制 ASK、FSK、PSK 的载波为 $A\cos(\omega_c t+\theta)$，其调制参量分别为幅度、频率和相位，3 种二进制数字调制的已调波波形如图 4-1 所示. ASK 的已调波是用幅度为 A 和 0 分别代表"1"和"0"两种状态；FSK 的已调波用两种不同频率来代表"1"和"0"两种状态；PSK 的已调波用 0 相和 π 相代表"1"和"0"两种信息。

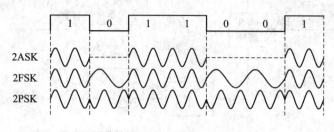

图 4-1　调制波形

4.1.3　数字调制的性能指标

数字调制的性能常用功率效率 η_P（Power Efficiency）和带宽效率 η_B（Spectral Efficiency）来衡量。

功率效率 η_P 反映调制技术在低功率情况下保持数字信号正确传送的能力，可表述成在接收机端特定的误码概率下，每比特的信号能量与噪声功率谱密度之比：

$$\eta_P = \frac{E_b}{N_0}$$

带宽效率 η_B 描述了调制方案在有限的带宽内容纳数据的能力，它反映了对分配的带宽是如何有效利用的，可表述成在给定带宽内每赫兹数据速率的值：

$$\eta_B = \frac{R}{B}$$

在数字通信系统中，对于功率效率和带宽效率的选择通常是一个折中方案。比如，我们对信号增加差错控制编码，提高了占用带宽，即降低了带宽效率，但同时对于给定的误比特率所必需的接收功率降低了，即以带宽效率换取了功率效率。另一方面，现今更多的调制技术降低了占用带宽，但却增加了所必需的接收功率，即以功率效率换取了带宽效率。

4.1.4　目前所使用的主要调制方式

目前所使用的主要调制方式有线性调制技术中的 QPSK 调制、恒包络调制技术中的 GMSK 调制、"线性"和"恒包络"相结合的调制技术中的 QAM 调制、扩频调制技术中的直接序列扩频与跳频、与编码调制相结合技术中的 TCM 调制及多载波技术中的 OFDM 调制等。

4.2　数字相位调制

4.2.1　四相相移键控(QPSK)调制原理

相移键控(QPSK)调制器的原理框图如图 4-2 所示。它可以看成由两个 BPSK 调制器构成，BPSK 用已调波的 0 相和 π 相代表"1"和"0"两种信息，而 QPSK 用 $\pi/4$、$3\pi/4$、$5\pi/4$

和 $7\pi/4$ 代表四进制的"11""01""00""10"四种信号。

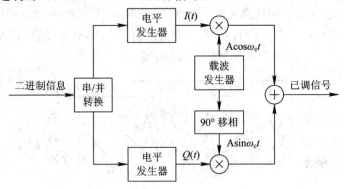

图 4-2　QPSK 调制原理框图

　　QPSK 调制时，输入的串行二进制信息序列经串/并转换，分成两路速率减半的序列，电平发生器分别产生双极性电平信号 $I(t)$ 和 $Q(t)$，然后分别对 $A\cos\omega_c t$ 和 $A\sin\omega_c t$ 进行调制，相加后即得 QPSK 信号。其中，串行二进制信息序列经串/并转换后，分成两路速率减半的序列，相应的信号波形如图 4-3 所示。由图中可以看出，QPSK 的调制信号，有"11""01""00""10"四种信号。

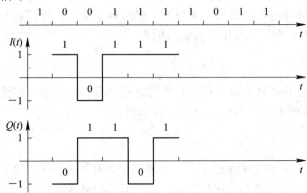

图 4-3　QPSK 的 I、Q 信道波形

　　经 QPSK 调制后，QPSK 调制器输出的已调波的相位变化与四种信号的对应关系如表 4-1 所示。

　　随着输入数据的不同，QPSK 信号的相位将在四种相位上跳变，将每两个比特编为一组，用四种不同的载波相位来表征，如图 4-4 所示。

表 4-1　相位跳变映射逻辑

双比特码		QPSK 相对于参考相位的相位跳变
I_k	Q_k	
1	1	$\pi/4$
0	1	$3\pi/4$
0	0	$5\pi/4$
1	0	$7\pi/4$

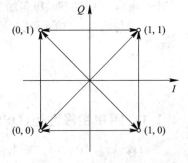

图 4-4　QPSK 的相位关系

QPSK 可看作是由两个正交 2PSK 合成的，在带限信道中，QPSK 的数据传输速率将比 PSK 信号的数据传输速率提高一倍。

4.2.2　差分移相键控

在 BPSK(或 QPSK)调制中，信号相位的变化以未调正弦载波的相位作为参考，用载波相位的绝对值表示数字信息，所以称为绝对移相。而对于 BPSK 信号进行解调时，如果接收端恢复的载波相位有 180° 的相位模糊，将导致解调出的基带信号出现反向现象，即 "1" 被判决为 "0"，而 "0" 被判决为 "1"，这种现象通常称为倒 π 现象，从而难以实际应用。

差分移相键控(DP5K)信号调制过程波形如图 4 - 5 所示。图中开始值为 "1"，后面值为 "0" 时相位不发生改变，为 "1" 时则相位反相。可以看出，差分相移键控利用前后相邻码元的载波相对相位变化来表示数字信息，接收机利用接收到的前后相邻码元的载波相位差来判别发送的数字信息，避免了接收机需要相干参考信号，从而实现非相干解调。非相干接收机容易制造而且便宜，因此在无线通信系统中被广泛使用。

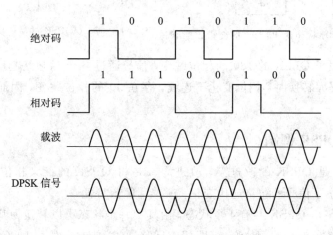

图 4 - 5　DPSK 信号调制过程波形图

4.2.3　交错正交四相相移键控

QPSK 采用 $\pi/4$、$3\pi/4$、$5\pi/4$ 和 $7\pi/4$ 四种相位，信号的相位改变有 90° 改变和 180° 改变。

如前所述，$I(t)$ 和 $Q(t)$ 两个信道上的数据沿对齐，所以在码元转换点上，当两个信道上只有一路数据改变极性时，QPSK 信号的相位将发生 90° 突变。两个信道上数据同时改变极性时，QPSK 信号的相位将发生 180° 突变。随着输入数据的不同，QPSK 信号的相位将在 4 种相位上跳变，且每隔 2 Tbit 跳变一次。

在实际中信道总是限带的，因此在发送 QPSK 信号时常常经过带通滤波。限带后的 QPSK 已不能保持恒包络。相邻信号之间发生 180° 相移时，经限带后会出现包络过零现象。反映在频谱方面，出现旁瓣和频谱加宽现象。

交错正交四相相移键控(OQPSK)调制与 QPSK 不同，它将输入数据经数据分路器分成奇偶两路，并使其在时间上相互错开一个码元间隔，如图 4 - 6 所示。然后再对两个正交的载波进行 BPSK 调制,叠加成为 OQPSK 信号。OQPSK 的 $I(t)$ 和 $Q(t)$ 信道上的数据流,每次只有其中一个可能发生极性转换。所以每当一个新的输入比特进入调制器的 $I(t)$ 和 $Q(t)$ 信道时,输出的 OQPSK 信号的相位只有 $\pm\pi/2$ 跳变,而没有 π 的相位跳变,如图4-7所示。

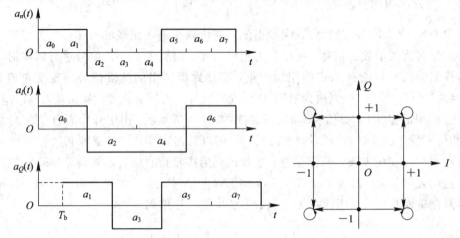

图 4 - 6　OQPSK 的交错数据流　　　　图 4 - 7　OQPSK 的星座图和相位转移图

　　OQPSK 克服了 QPSK 的 180°的相位跳变,信号通过 BPF 后包络起伏小,性能得到了改善,但是,当码元转换时,相位变化不连续,存在 90°的相位跳变,因而高频滚降慢,频带仍然较宽。

4.2.4　π/4 - QPSK 调制

　　π/4 - QPSK 是 QPSK 的改进型,改进之一是将 QPSK 的最大相位跳变由 $\pm\pi$ 降为 $\pm3/4\pi$,从而减小了信号的包络起伏变化,改善了频谱特性。

　　如图 4 - 8 所示,QPSK 共有 4 个状态,由其中一个状态可以转换为其他 3 个状态中的任何一个,因而存在 180°的相位变化(即相位迁移通过原点)。而 π/4 - QPSK 共有 8 个状态,分为两组,相位相差 45°。在图 4 - 8 中分别以白点和黑点表示。π/4 - QPSK 矢量转换只能在这两组之间进行,也就是说,如果现在的码元周期内,相位状态是白点中的一个,在下一个码元周期内相位状态只能是黑点中的某一个。可见 π/4 - QPSK 中可能出现的最大相位变化是 135°,即最大相位跳变小于 180°。

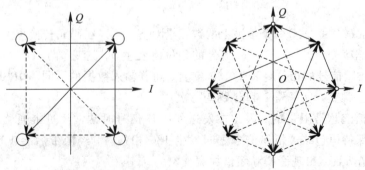

图 4 - 8　QPSK 和 π/4 - QPSK 信号状态转移图

QPSK 和 $\pi/4$ - QPSK 的相位映射逻辑如表 4 - 2 所示。与 QPSK 相比，$\pi/4$ - QPSK 限带滤波后信号有较小的包络起伏变化，在非线性信道中的传输有更优的频谱效率。另外，$\pi/4$ - QPSK 通常采用差分编码，以便实现非相干解调。

表 4 - 2　映 射 逻 辑

双比特码		QPSK	$\pi/4$ - QPSK
I_k	Q_k	相对于参考相位的相位跳变	相对于前一码元的相位跳变
1	1	$\pi/4$	$\pi/4$
0	1	$3\pi/4$	$3\pi/4$
0	0	$5\pi/4$	$-3\pi/4$
1	0	$7\pi/4$	$-\pi/4$

4.3　数字频率调制

实际应用中，有时要求发送信号具有包络恒定、高频分量较小的特点。但是移相键控信号没有从根本上消除码元转换处的载波相位突变，从而使系统产生强的旁瓣功率分量，造成对邻近波道的干扰。若将此信号通过带限系统，由于旁瓣的滤除而产生信号包络起伏变化，为了不失真传输，对信道的线性特性要求就过于苛刻，不适合在 GSM 这样的发射功率大的系统中采用。

4.3.1　最小频移键控(MSK)调制

一般来说，2FSK 信号在频率转换处的相位不连续，同样使功率谱产生很强的旁瓣分量，若通过带限系统，也会产生包络起伏变化。

虽然 QPSK 和 $\pi/4$ - QPSK 信号消除了 QSK 信号中 180° 的相位突变，但也没能从根本上解决消除信号包络起伏变化的问题。为了克服上面所述的缺点，就需要控制相位的连续性。

为此，人们提出了最小频移键控(MSK)。在每个码元持续时间内，频移恰好引起 $\pi/2$ 的相移变化，而相位本身的变化是连续的。最小频移键控是一种特殊的连续相位的频移键控(CPFSK)。事实上，MSK 是 2SK 的一种特殊情况，它是调制系数为 0.5 的连续相位的 FSK。它具有正交信号的最小频差，在相邻符号的交界处相位保持连续。MSK 调制信号的特征包括：

(1) MSK 信号为恒包络已调波，不但功率谱特性好，更适合在非线性信道中传输，如短波衰落信道，移动通信多采用 MSK。

(2) 每比特码元间隔包含整数倍的 1/4 载波周期的整数倍。

(3) 以信道载波相位为基准，在传输码元 1 或 0 的转换时刻，相位线性地增加或减少 $\pi/2$，MSK 的已调波相位变化为 0、$\pm\pi/2$，与 QPSK 的 0、$\pm\pi/2$ 及 π 的相位变化比较，性能较优。

(4) 调制指数为 0.5。

(5) 码元转换时刻，信号的相位是连续的，即信号波形无突变。

（6）能以最小的调制指数（即 0.5）获得正交信号。

（7）对于给定的频带，具备更高的比特速率（相对于 PSK）。

4.3.2　高斯滤波最小频移键控（GMSK）

最小频移键控（MSK）调制是调制指数为 0.5 的二元数字频率调制，其调频带宽较窄，且具有恒定的包络，因而可以在接收端采用相干检测法进行解调。但是对于数字移动通信系统，对信号带外辐射功率的限制十分严格，如带外衰减要求在 $70\sim80$ dB 以上，再采用 MSK 就不能满足要求了。

为了进一步减小两个不同频率的载波在切换时的跳变能量，使得在相同的数据传输速率时，频道间距可以变得更紧密，在 MSK 调制的基础上，将数据流送交频率调制器前先通过一个高斯（Gauss）滤波器（预调制滤波器）进行预调制滤波，由于数字信号在调制前进行了高斯预调制滤波，调制信号在交越零点不但相位路径连续，而且平滑过滤，因此 GMSK 调制的信号频谱紧凑、误码特性好。

如图 4-9 所示，在 MSK 调制前加入高斯滤波器，对矩形数字信号进行滤波，使滤波后的脉冲无陡峭沿也无拐点，相位路径更加平滑，从而得到较好的频谱特性。

以高斯低通滤波器的归一化 3 dB 带宽 $B_b T_s$ 为参变量（T_s 为码元宽度，$T_s=1/f_b$），以归一化频差 $(f-f_c)\times T_s$ 为横坐标（F_c 为载波功率）的功率谱特性曲线如图 4-10 所示。由图可知，$B_b T_s$ 越小，功率谱越集中，当 $B_b T_s=0.2$ 时，GMSK 的频谱与平滑调频（TFM）的频谱几乎相同；当 $B_b T_s=\infty$ 时，CMSK 就蜕变为 MSK。

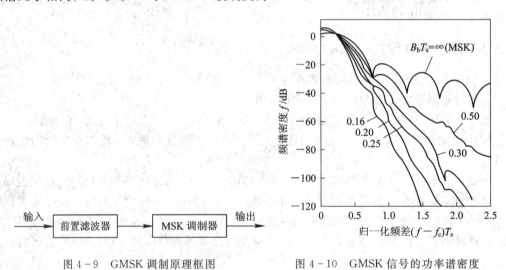

图 4-9　GMSK 调制原理框图　　　　　图 4-10　GMSK 信号的功率谱密度

4.4　正交幅度调制（QAM）

在现代通信中，提高频谱利用率是人们关注的焦点之一。正交振幅调制 QAM（Quadrature Amplitude Modulation）就是一种频谱利用率很高的调制方式。其在中、大容量数字微波通信系统、有线电视网络高速数据传输、卫星通信系统等领域得到了广泛应用。在移动通信中，随着微蜂窝和微微蜂窝的出现，使得信道传输特性发生了很大变化，过去在传统蜂窝系统中不能应用的正交振幅调制也引起了人们的重视。

正交振幅调制是二进制 PSK 和四进制 QPSK 调制的进一步推广，通过相位和振幅的联合控制，可以得到更高频谱效率的调制方式，从而可在限定的频带内传输更高速率的数据。正交振幅调制是利用正交载波对两路信号分别进行双边带抑制载波调幅形成的，通常有二进制 QAM(4QAM)、四进制 QAM(16QAM)、八进制 QAM(64QAM)……，分别有 4个、16 个、64 个……矢量端点，对应的空间信号矢量端点如图 4-11 所示。

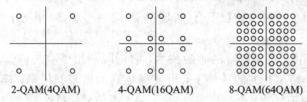

2-QAM(4QAM)　　　4-QAM(16QAM)　　　8-QAM(64QAM)

图 4-11　不同 QAM 对应矢量端点

图 4-12 所示为 16QAM 信号电平数和信号状态关系。电子数和信导状态之间的关系是 $N=M^2$。其中 M 为电子数，N 为信号状态。对于 4QAM，当两路信号幅度相等时，产生的调制信号、解调方法、调制性能及相位矢量均与 4PSK 相同。

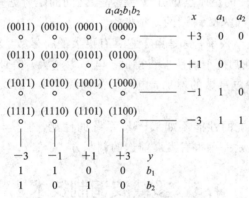

图 4-12　16QAM 信号电平数和信号状态关系

QAM 调制器的原理是发送数据在比特/符号编码器(也就是串/并变换器)内被分成两路，各为原来两路信号的 1/2，然后分别与一对正交调制分量相乘，求和后输出。接收端完成相反过程，正交解调出两个相反码流，并且补偿由信道引起的失真，判决器识别复数信号并映射回原来的二进制信号中。QAM 信号的调制原理框图如图 4-13 所示。

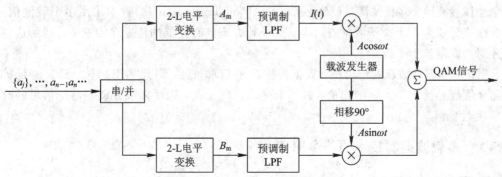

图 4-13　QAM 信号调制原理框图

在 QAM 中，数据信号由相互正交的两个载波的幅度变化表示，模拟信号的相位调制和数字信号的 PSK（相移键控）可以被认为是幅度不变、仅有相位变化的特殊的正交幅度调制。因此，模拟信号相位调制和数字信号的 PSK（相移键控）可以被看作是 QAM 的特例，其本质是相位调制。

QAM 是一种矢量调制，将输入比特个数先映射（一般采用格雷码）到一个复平面（星座）上，形成复数调制符号，然后将符号的 I 分量和 Q 分量（对应复平面的实部和虚部）采用幅度调制，分别对应调制在相互正交（时域正交）的两个载波（相互正交）上，这样与幅度调制（AM）相比，其频谱利用率将提高 1 倍。

QAM 是采用幅度、相位联合调制的技术，它同时利用了载波的幅度和相位来传递信息比特，因此在最小距离相同的条件下，可实现更高的频带利用率，样点数目越多，其传输效率越高。例如具有 1024 个样点的 1024 - QAM 信号，每个样点表示一种矢量状态，1024 - QAM 有 1024 种状态，每 10 位二进制数规定了 1024 种状态中的一种，1024 - QAM 中规定了 1024 种载波和相位的组合，1024 - QAM 中的每个符号和周期传送 10 bit。

当对数据传输速率的要求高于 8 - PSK 能提供的上限时，采用 QAM 的调制方式。因为 QAM 的星座点比 PSK 的星座点更分散，星座点之间的距离更大，所以能提供更好的传输性能，但同时也增加了 QAM 解调的复杂性。

QAM 具有更高的频谱效率，这是由于它具有更大的符号数。但需要指出的是，QAM 的高频带利用率是以牺牲其抗干扰性来获得的。电平数越大，信号星座点数越多，其抗干扰性能就越差。因为随着电平数的增加，电平间的间隔减小，而噪声容限减小，则同样噪声条件下误码就会增加。

综上所述，QAM 系统的性能不如 QPSK 系统的性能，但其频带利用率高于 QPSK，因此，在带限系统中，它是一种很有发展前途的调制方式。

4.5　多载波调制技术

单载波调制一般采用一个载波信号，在数据传输速率不太高、多径干扰不是特别严重时，通过使用均衡算法可使系统正常工作。但是对于宽带数据业务来说，由于数据传输速率较高，时延扩展造成数据符号间的相互重叠，从而产生符号间干扰。

根据相干带宽的知识，当信号的带宽超过和接近信道的相干带宽时，信道仍然会造成频率选择性衰落。多载波调制（Multi-Carrier Modulation，MCM）技术采用多个载波信号，把数据流分解为若干个子数据流，从而使子数据流具有更低的传输比特速率，利用这些数据分别去调制若干个载波。

所以，在多载波调制信道中，数据传输速率相对较低，码元周期加长，只要时延扩展与码元周期相比小于一定的比值，就不会造成码间干扰，因而多载波调制对于信道的时间弥散性不敏感。

4.5.1　多载波调制技术的基本原理

1. 多载波技术引入

多载波传输的概念出现于 20 世纪 60 年代。它将高速率的信息数据流经串/并转换，分割为若干路低速数据流，然后每路低速数据流采用一个独立的载波调制并叠加在一起构成发送信号。在接收端用同样数量的载波对发送信号进行相干接收，获得低速率信息数据后，再通过并/串转换得到原来的高速信号。多载波技术将待发送的信息码元通过串/并转换，降低了速率，增大了信息码元周期，减少了多径时延扩散到已接收的信息码元中所占的相对百分比值，从而削弱了多径干扰对传输系统性能的影响。

2. 多载波传输系统原理图

多载波传输系统原理图如图 4 - 14 所示

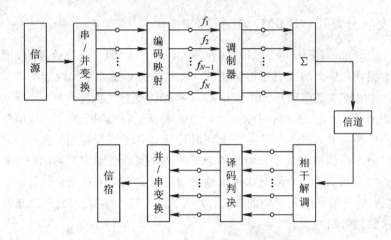

图 4 - 14　多载波传输系统原理框图

3. 多载波传输的主要技术

多载波传输的主要技术有以下几种：

(1) 正交频分复用(Orthogonal Frequency Division Multiplexing，OFDM)。

(2) 离散多音调制(Discrete Multi-Tone，DMT)。

(3) 多载波调制(Multi- Carrier Modulation，MCM)。

其中，OFDM 中各子载波保持相互正交，而在 DMT 与 MCM 中这一条并不一定成立。

4. 多载波系统的主要优点与缺点

与单载波系统相比，多载波的主要优点有：

(1) OFDM 系统对脉冲干扰的抵抗能力要比单载波系统大得多。这是因为 OFDM 信号解调是在一个有很多符号的周期内积分的，从而使脉冲干扰的影响得以分散。

(2) 抗多径传播与频率选择性衰落能力强。由于 OFDM 系统把信息分散到许多载波上，大大降低了各子载波的信号速率，从而能减弱多径传播的影响，若再通过采用保护间隔的方法，甚至可以完全消除符号间干扰。

(3) 采用动态比特分配技术使系统达到最大比特率。通过选取各子信道、每个符号的比特数以及分配给各子信道的功率使总比特率最大。也就是要求各子信道功率分配应遵循信息论中的"注水定理"，即优质信道多传送、较差信道少传送、劣质信道不传送的原则。

(4) 频谱效率比串行系统提高近一倍。

多载波系统的主要缺点有：

（1）多载波通信系统对符号定时和载波频率偏差比单载波系统敏感。

（2）多载波信号是由多个单载波信号叠加的，因此其峰值功率与平均功率的比值大于单载波系统，它对前端放大器的线性要求较高。

5. 多载波系统的实际应用

多载波系统已成功地应用于接入网中的高速数字环路（HDSL）和非对称数字环路（ADSL）。欧洲数字音频广播（DAB）标准采用的就是 OFDM 技术。高清晰度电视（HDTV）的地面广播系统采用的也是多载波系统。多载波系统还应用于高速移动通信领域。

4.5.2　正交频分复用(OFDM)调制

OFDM(Orthogonal Frequency Division Multiplexing)即正交频分复用，是一种特殊的多载波传输方案，它最大的优点是能够抵抗频率的选择性衰落，同时能有效提高频谱利用率。正交频分复用技术是在频分复用(FDM)技术的基础上发展起来的。频分复用技术早在19世纪以前就被提出，它把系统可用带宽分为多个相互隔离的子频带，将串行的高速信号转换为并行的低速信号，在各个子频带上同时传送，实现信号复用。这种传输方式下，每个子载波都需要自己的模拟前端，同时各个子载波之间需要留有足够的频率间隔，避免信号经过信道后发生频谱重叠，因此这种传输机制的频谱利用率很低。但是由于各个子载波上的速率较低，响应信号的码元周期较长，并远大于信道的最大时延，因此可以有效减小时延扩展带来的符号间的干扰。

1. OFDM 技术特点

正交频分复用技术是一种把高速率的串行数据通过频分复用来实现并行传输的多载波传输技术，其思想早在 20 世纪 60 年代就被提出了，但由于实现方法复杂，早期并没有得到实际应用。1971 年，Weistein 和 Ebert 提出了用离散傅立叶变换(DFT)来实现多载波调制，人们开始研究并行传输的多载波系统的数字化实现方法，将 DFT 运用到 OFDM 的调制解调中，为 OFDM 的实用化奠定了基础，大大简化了多载波技术的实现。运用 DFT 实现的 OFDM 系统的发送端不需要多套的正弦发生器，而接收端也不需要用多个带通滤波器来检测各路子载波，但由于当时的数字信号处理技术的限制，OFDM 技术并没有得到广泛应用。80 年代，人们对多载波调制在高速调制解调器、数字移动通信等领域中的应用进行了较为深入的研究，L. J. Cimini 首先分析了 OFDM 在移动通信中的应用所存在的问题和解决方法，从此以后，OFDM 在无线移动通信领域中的应用得到了迅速的发展。

近年来，由于数字信号处理技术(Digital Signal Processing，DSP)和大规模集成电路CPLD 技术的飞速发展，使得当载波数目高达几千时也可以通过专用芯片来实现其 DFT变换，大大推动了 OFDM 技术在无线通信环境中的实用化，OFDM 技术在高速数据传输领域受到了人们的广泛关注。OFDM 已经成功地应用于数字音频广播系统(Digital Audio Broadcasting，DAB)、数字视频广播系统(Digital Video Broadcasting，DVB)、无线电局域网(Wireless Local Area Network，WLAN)，非对称数字用户环路 ADSL(Asymmetric Digital Subscriber Line)等系统中。1995 年，欧洲电信标准协会(ETSI)首次提出 DAB 标准，这是第一个采用 OFDM 的标准。1999 年 12 月，一个工作在 5 GHz 的无线局域网标准(IEEE802.11a)采用了 OFDM 调制技术作为其物理层(PHY)标准，欧洲电信标准协会的宽带射频接入网（Broad Radio Access Network，BRAN）的局域网标准也采用 OFDM 技术。在我国，信息产业部无线电管理局也于 2001 年 8 月 31 日批准了中国网通开展 OFDM 固定无线接入系统 CelerFlex 的试验，该系统目前已经开通，并进行了必要的测试和业务演示。目前，人们开始集中精力研究和开发 OFDM 在无线移动通信领域的应用，并将 OFDM 技术与多种多址技术相结合。此外，OFDM 技术还易于结合空时编码以及智能天线等技术，最大程度地提高物理层信息传输的可靠性。

2. OFDM 技术原理

1) 从 FDM 到 OFDM

早期发展的无线网络或移动通信系统，是使用单载波调制（Single-carrier Modulation）技术，单载波调制是将要传送的信号（语音或数据），隐藏在一个载波上，再由天线传送出去。信号若是隐藏于载波的振幅上，则有 AM、ASK 调制系统；信号若是隐藏于载波的频率上，则有 FM、FSK 调制系统；信号若是隐藏于载波的相位上，则有 PM、PSK 调制系统。

使用单载波调制技术的通信系统，若要增加传输的速率，则使用载波的带宽必须更大，即传输的码元时间长度（Symbol Duration）越短，而码元时间的长短会影响抵抗通道延迟的能力。若载波使用较大的带宽传输，则相对的码元时间较短，这样的通信系统只要受到一点干扰或者噪声较大时，就可能会有较大的误码率。

为解决以上的问题，发展出多载波调制（Multi-carrier Modulation）技术，该技术是将一个较大的带宽切割成一些较小的子通道来传送信号的，即使用多个子载波（Subcarrier）来传送信号，利用这些较窄的子通道传送时，会使子通道内的每一个子载波的信道频率响应更加平坦，这就是频分多复用（Frequency Division Multiplexing，FDM）技术。

因为带宽是一个有限的资源，若频谱上载波可以重迭使用，那就可以提高频谱效率，所以有学者提出正交频分多复用（Orthogonal Freqaency Division Multiplexing，OFDM）的技术架构。FDM 与 OFDM 两者最大的差异，在 OFDM 系统架构中每个子信道上的子载波频率是互相正交，所以频谱上虽然重迭，但每个子载波却不受其他的子载波影响。

图 4 - 15 为 FDM 和 OFDM 频谱的比较，图中，OFDM 所需的总带宽较小，若可以提供的载波总带宽是固定的，则 OFDM 系统架构将可以使用更多的子载波，使得频谱效率增

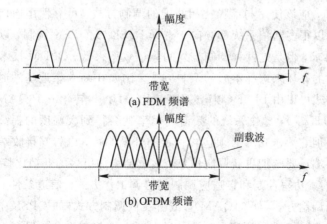

图 4 - 15　FDM 和 OFDM 频谱的比较

加，传输量提高，从而能应付高传输量需求的通信应用。OFDM 中的各个载波是相互正交的，每个载波在一个符号时间内有整数个载波周期，每个载波的频谱零点和相邻载波的零点重叠，这样便减小了载波间的干扰。由于载波间有部分重叠，因此它比传统的 FDMA 提高了频带利用率。

2) OFDM 的基本原理

OFDM 技术可以提高载波的频谱利用率，并改进对多载波的调制，它的特点是各子载波相互正交，使扩频调制后的频谱相互重叠，从而减小了子载波间的相互干扰。在对每个载波完成调制以后，为了增加数据的吞吐量、提高数据传输的速度，它又采用了一种叫作HomePlug 的处理技术，对所有将要被发送数据信号位的载波进行合并处理，把众多的单个信号合并成一个独立的传输信号进行发送。另外，OFDM 之所以备受关注，其中一条重要的原因是它可以利用离散傅立叶反变换/离散傅立叶变换（IDFT/DFT）代替多载波调制和解调。

OFDM 技术的基本思想就是将高速串行的数据码流转变为 N 路（N 通常取偶数）并行的低速数据码流，然后线性调制到等频率间隔的 N 个相互正交的子载波上，通过加循环前缀来减少和消除码间干扰（Inter-Symbol Interference, ISI）的影响，也就是在基带产生的时域信号上加入一个循环前缀，而该循环前缀的长度大于最大时延，在接收端再把循环前缀去除。此外，当子信道数量较大时，可以采用 FFT 算法实现，从而大大降低系统的复杂度。

OFDM 增强了抗频率选择性衰落和抗窄带干扰的能力。在单载波系统中，单个衰落或者干扰可能导致整个链路不可用，但在多载波的 OFDM 系统中，只会有一小部分载波受影响。此外，纠错码的使用还可以帮助其恢复一些载波上的信息。通过合理地挑选子载波的位置，可以使 OFDM 的频谱波形保持平坦，同时保证了各载波之间的相互正交。

OFDM 尽管还是一种频分复用（FDM），但已完全不同于过去的 FDM。OFDM 每个载波所使用的调制方法可以不同。各个载波能够根据信道状况的不同选择不同的调制方式，比如 BPSK、QPSK、8PSK、16QAM、64QAM 等，以频谱利用率和误码率之间的最佳平衡为原则。若选择满足一定误码率的最佳调制方式，就可以获得最大频谱效率。无线多径信道的频率选择性衰落会使接收信号功率大幅下降，达到 30 dB，信噪比也随之大幅下降。为了提高频谱利用率，应该使用与信噪比相匹配的调制方式。可靠性是通信系统正常运行的基本考核指标，所以很多通信系统都倾向于选择 BPSK 或 QPSK 调制，以确保在信道最坏条件下的信噪比要求，但是这两种调制方式的频谱效率很低。OFDM 技术使用了自适应调制，根据信道条件的好坏来选择不同的调制方式。比如在终端靠近基站时，信道条件一般会比较好，调制方式可以由 BPSK（频谱效率 1 (b/s)Hz^{-1}）转化成 16QAM～64QAM（频谱效率为 4～6 (b/s)Hz^{-1}），整个系统的频谱利用率就会得到大幅度的提高。自适应调制能够扩大系统容量，但它要求信号必须包含一定的开销比特，以告知接收端发射信号所应采用的调制方式。终端还要定期更新调制信息，这也会增加更多的开销比特。

OFDM 还采用了功率控制和自适应调制相协调工作方式。信道条件好的时候，发射功率不变，可以增强调制方式（如 64QAM），或者在低调制方式（如 QPSK）时降低发射功率。功率控制与自适应调制要取得平衡。也就是说对于一个发射台，如果它有良好的信道，在发送功率保持不变的情况下，可使用较高的调制方案，例如 64QAM；如果功率减小，调制方案也就可以相应降低,使用 QPSK 方式等。

　　自适应调制要求系统必须对信道的性能有及时和精确的了解,如果在差的信道上使用较强的调制方式,那么就会产生很高的误码率,影响系统的可用性。OFDM 系统可以用导频信号或参考码字来测试信道的好坏。发送一个已知数据的码字,测出每条信道的信噪比,根据这个信噪比来确定最适合的调制方式。

　　3) OFDM 的模型结构

　　(1) OFDM 结构框图。

　　OFDM 的系统模型可表示为如图 4 - 16 所示。在发送端,串行的数据流在经过编码调制以及串/并转换之后,送入运算单元,即进行 IFFT 变换,然后需要加入保护间隔,再经 D/A 转化为模拟信号送入信道传输;在接收端,由信道接收到的模拟的 OFDM 信号再经 A/D 以及串/并转换转化为串行的数字信号,接着去除掉保护间隔,并将其送入运算单元进行 FFT 运算,最后经过并/串转换和解调译码后即可还原出原始的信源信号。

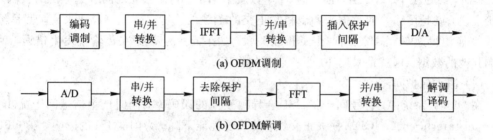

图 4 - 16　OFDM 结构框图

　　在 OFDM 的调制过程中有 3 个重要步骤:编码调制、FFT 变换、插入保护间隔。解调部分就是其逆过程。

　　(2) 星座映射。

　　星座映射是指将输入的串行数据,首先做一次调制,再经由 FFT 分布到各个子信道上去。调制的方式可以有许多种,包括 BPSK、QPSK、QAM 等。例如,采用了 QPSK 调制的星座图如图 4 - 17 所示。

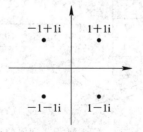

图 4 - 17　QPSK 调制的星座图

　　OFDM 中的星座映射,实际上只是一个数值代换的过程。若按照图 4 - 17 所示,输入为"00",则输出就是"-1+1i"。它在原来单一的串行数据中引入了虚部,使其变成了一个复数。这样有两个好处：第一，可以进行复数的 FFT 变换；另一个方面，进行星座映射后，为原来的数据引入了冗余度。因为原来的一串数现在变成了由实部和虚部组成的两串数。引入冗余度的意义就是以牺牲效率的方式达到降低误码率的目的。

（3）串/并转换以及 FFT。

在星座映射之后，下面进行的是串/并变换，即将串行数据变换为并行数据，这一过程的主要目的是为了便于做傅立叶变换。串/并变换之后进行的傅立叶变换，在不同阶段是不同的，在调制部分是反变换（IFFT），在解调部分是正变换（FFT）。最后还要再通过并/串变换变为串行数据输出。

由上面分析的过程可以看出，其实串/并变换和并/串变换都是为 FFT 服务的。如果把它们三个看作一个整体的话，那么相当于输入和输出都是串行的数据。举个例子来说，如果是做 64 点 FFT 运算，那么一次输入 64 个串行数据，再输出 64 个串行数据。虽然它的输入和输出都是 64 个串行数据，但是对于输入的 64 个数来说，它们互相之间是没有关系的。然而，经过了 FFT 变换，输出的 64 个数就不同了，它们相互之间有了一定的关联。在理论上说，就是用输入的数据来调制相互正交的子载波。其实简单直观地来说，就是经过 FFT 变换使得这 64 个数之间产生了相互关联，如果有一个数据在传输中发生错误，就会影响其他的数据。这就是采用 FFT 所起到的作用。

（4）插入保护间隔。

在 OFDM 系统中，符号间干扰（ISI）会导致较高的误码率，同时产生信道间干扰（Inter-Channel Interference，ICI），损失正交性，使系统性能下降。为削弱 ISI 的影响，在 OFDM 中插入保护间隔是必要的。虽然 OFDM 通过串/并变换将数据分散到 N 个子载波上，这一速率已经降低到 N 分之一，但是为了最大限度地消除符号间的干扰，还需要在每个 OFDM 符号之间加入一个保护前缀，以便更好地应对多径效率所造成的时间延迟影响。自然地，插入保护间隙会使数据传输效率降低到原来的 $N/(N+L)$，L 表示插入保护间隙的长度。当具体实现加保护间隔的操作时，通常需要在完成 IFFT 后临时把结果存入 RAM 中，然后从 RAM 中读取数据时，采取部分重复读取的方式，将部分数据重复复制，加到首尾，形成循环前缀。OFDM 保护间隔的插入如图 4-18 所示。

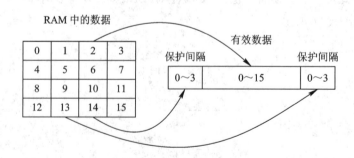

图 4-18　OFDM 保护间隔的插入

RAM 中存储的是运算的数据结构，图 4-18 中是 16 点的 FFT 运算，结果也是 16 点，因此 RAM 中的存储单元也是 16 个（0～15）。当进行加保护间隔操作时，先从 RAM 中将全部的运算结果读出，接着，将前 4 个（0～3）（或者后 4 个）存储单元中的数据重复读出，分别加在有效数据的末尾，就形成了保护间隔。

（5）OFDM 的解调。

OFDM 的解调，与 OFDM 的调制有很多相似之处，只是过程相反。

4）OFDM 系统的优缺点

OFDM 系统有以下优点：

（1）抗干扰能力强。OFDM 技术有效抵抗频率选择性衰落。通过串/并变换以及添加循环前缀，减少系统对信道时延扩展的敏感程度，大大减小码间干扰，克服多径效应引起的信道间干扰，保持子载波之间的正交性。

（2）频谱利用率高。OFDM 系统利用各个子载波之间存在正交性，以及允许子载波的频谱相互重叠，最大限度地利用频谱资源。

（3）系统结构简单。OFDM 系统具有优良的抗多径干扰性能和直观的信道估计方法，无须设计单载波系统所需的复杂均衡器，若采用差分编码，系统可以完全不用均衡。采用 IFFT/FFT 技术快速实现信号的调制和解调的 OFDM 系统也降低了复杂性。

（4）易与其他多址方式相结合。OFDM 系统易于构成 OFDMA 系统，并能与其他多种多址方式相结合，使得多个用户可以同时利用 OFDM 技术进行信息的传输。

（5）动态子载波和比特分配。无线信道存在频率选择性，由于所有的子载波不可能都同时处于比较深的衰落情况中，因此 OFDM 可充分利用信噪比较高的子信道。

虽然 OFDM 有上述的优点，但也并非尽善尽美。由于存在多个正交的子载波，而且其输出信号是由多个子信道叠加的，因此与单载波系统相比，其存在如下缺点：

（1）易受频率偏差的影响。由于子信道的频谱相互覆盖，这就对它们之间的正交性提出了严格的要求。由于无线信道的时变性，在传输过程中出现的无线信号频谱偏移或发射机与接收机本地振荡器之间存在的频率偏差，都会使 OFDM 系统子载波之间的正交性遭到破坏，导致子信道间干扰，这种对频率偏差的敏感性是 OFDM 系统的主要缺点之一。

（2）存在较高的峰值平均功率比。多载波系统的输出是多个子信道信号的叠加，因此如果多个信号的相位一致，所得到的叠加信号的瞬时功率就会远远高于信号的平均功率，导致较大的峰值平均功率比（Peak to Average Power Ratio，PAPR）。这就对发射机内放大器的线性度提出了很高的要求，因此可能带来信号畸变，使信号的频谱发生变化，从而导致各个子信道间的正交性遭到破坏，产生干扰，使系统的性能恶化。

4.6　扩频调制技术

4.6.1　扩频调制的理论基础

前面所研究的调制和解调技术都是为了在静态加性高斯白噪声信道中有更高的功率效率和带宽效率，因此，主要设计立足点就在于如何减少传输带宽，即传输带宽最小化。但是带宽是一个有限的资源，随着窄带化调制接近极限，到最后则只有压缩信息本身的带宽了。而扩频调制技术正好相反，它所采用的带宽比最小信道传输带宽要大出好几个数量级，所以该调制技术就向着宽带调制技术发展，即以信道带宽来换取信噪比的改善。扩频调制系统对于单用户来说很不经济，但是在多用户接入环境中，它可以保证有许多用户同时通话而不会相互干扰。

1. 扩频调制的概念

扩展频谱(简称扩频)的精确定义为:扩频(Spread Spectrum)是指用来传输信息的信号带宽远远大于信息本身带宽的一种传输方式。频带的扩展由独立于信息的码来实现,在接收端用同步接收实现解扩和数据恢复。这样的技术就称为扩频调制,而传输这种信号的系统就为扩频系统。

目前,最基本的展宽频谱的方法有两种:

(1) 直接序列调制,简称直接扩频(DS)。这种方法采用比特率非常高的数字编码的随机序列去调制载波,使信号带宽远大于原始信号带宽。

(2) 频率跳变调制,简称跳频(FH)。这种方法则是用较低速率编码序列的指令去控制载波的中心频率,使其离散地在一个给定频带内跳变,形成一个宽带的离散频率谱。

对于上述基本调制方法还可以进行不同的组合,形成各种混合系统,比如跳频/直扩系统等。

扩频调制系统具有许多优良的特性,系统的抗干扰性能非常好,特别适合于在无线移动环境中应用。扩频调制系统有以下一些特点:

(1) 具有选择地址(用户)的能力。

(2) 信号的功率谱密度较低,所以信号具有较好的隐蔽性并且功率损失较小。

(3) 比较容易进行数字加密,防止窃听。

(4) 在共用信道中能实现码分多址复用。

(5) 有很强的抗干扰性,可以在较低的信噪比条件下保证系统的传输质量。

(6) 抗衰落的能力强。

(7) 多用户共享相同的频谱,无须进行频率规划。

2. 扩频调制的理论基础

扩频调制的基本理论根据是信息理论中香农(C. E. Shannon)的信道容量公式

$$C = B\text{lb}\left(1 + \frac{S}{N}\right) \tag{4-1}$$

式中:C 表示信道容量,单位为 b/s;B 表示信道带宽,单位为 Hz;S 表示信号功率,单位为 W;N 表示噪声功率,单位为 W。

香农公式表明了一个信道无差错地传输信息的能力同存在于信道中的信噪比以及用于传输信息的信道带宽之间的关系。

若白噪声的功率谱密度为 n_0,噪声功率 $N = n_0 B$,则信道容量 C 可表示为

$$C = B\text{lb}\left(1 + \frac{S}{n_0 B}\right) \tag{4-2}$$

由上式可以看出,B、n_0、S 确定后,信道容量 C 就确定了。由 Shannon 第二定理知,若信源的信息速率 R 小于或等于信道容量 C,通过编码,信源的信息能以任意小的差错概率通过信道传输。为使信源产生的信息以尽可能高的信息速率通过信道,提高信道容量是人们所期望的。

由 Shannon 公式可以看出:

(1) 要增加系统的信息传输速率,则要求增加信道容量。

（2）信道容量 C 为常数时，带宽 B 与信噪比 S/N 可以互换，即可以通过增加带宽 B 来降低系统对信噪比 S/N 的要求；也可以通过增加信号功率，降低信号的带宽，这就为那些要求小的信号带宽的系统或对信号功率要求严格的系统找到了一个减小带宽或降低功率的有效途径。

（3）当 B 增加到一定程度后，信道容量 C 不可能无限地增加。

令 $x = S/n_0 B$，对式（4 - 2）有

$$\lim_{B \to \infty} C = \lim_{B \to \infty} \left[\frac{n_0 B}{S} \text{lb} \left(1 + \frac{S}{n_0 B}\right) \right] \left(\frac{S}{n_0}\right) = \text{lbe} \cdot \frac{S}{n_0}$$

故

$$\lim_{B \to \infty} C = 1.44 \frac{S}{n_0} \tag{4 - 3}$$

由上面的结论，可以推导出信息速率 R 达到极限信息速率，即 $R = R_{\max} = C$，且带宽 $B \to \infty$ 时，信道要求的最小信噪比 E_b/n_0 的值。E_b 为码元能量，从而

$$\lim_{B \to \infty} C = R_{\max} = 1.44 \frac{S}{n_0}$$

$$\frac{E_b}{n_0} = \frac{S}{n_0 R_{\max}} = \frac{1}{1.44}$$

香农公式表明，对于任意给定的噪声信号功率比 N/S，只要增加用于传输信息的带宽 B，就可以增加在信道中无差错地传输信息的速率 C。或者说在信道中当传输系统中的信号噪声功率比 S/N 下降时，可以用增加系统传输带宽 B 的办法来保持信道容量 C 不变。或者说对于任意给定的信号噪声功率比 S/N，可以用增大系统的传输带宽来获得较低的信息差错率。也就是说增加信道带宽 B，可以在低的信噪比的情况下，信道仍可在相同的容量下传送信息。甚至在信号被噪声淹没的情况下，只要相应地增加信号带宽也能保持可靠的通信。

扩频通信系统正是利用这一原理，用高速率的扩频码来扩展待传输信息信号的带宽，达到提高系统抗干扰能力的目的。扩频通信系统的带宽比常规通信系统的带宽大几百倍乃至几万倍，所以在相同信息传输速率和相同信号功率地条件下，具有较强的抗干扰的能力。

4.6.2　PN 码序列

扩频通信中，扩频码常常采用伪随机序列。伪随机（Pseudorandom-Noise）序列常以 PN 表示，称为伪码。伪随机序列是一种自相关的二进制序列，在一段周期内其自相关性类似于随机二进制序列，与白噪声的自相关特性相似。

PN 码的码型将影响码序列的相关性，序列的码元（码片）长度将决定扩展频谱的宽度，所以 PN 码的设计直接影响扩频系统的性能。在直接扩频任意选址的通信系统中，对 PN 码有如下的要求：

（1）PN 码的比特率应能够满足扩展带宽的需要。

（2）PN 码的自相关性要大，且互相关性要小。

（3）PN 码应具有近似噪声的频谱性质，即近似连续谱，且均匀分布。

通常 PN 码是通过序列逻辑电路得到的。PN 码有 m 序列、Gold 序列等多种伪随机序列。在移动通信的数字信令格式中，PN 码常被用作帧同步编码序列，利用相关峰来启动帧同步脉冲以实现帧同步。

4.6.3　直接序列扩频

直接序列扩展频谱系统亦称为直接扩频系统（DS-SS），或称为伪噪声系统，记作 DS 系统。直接序列扩展频谱系统是指在发射端对准备传输的数据信号进行频谱的扩展并形成新信号，在数据信号的接收端却使用跟发射端的扩频码一致的伪码相位来对新信号解扩，再将扩频后的新信号恢复成原始信号。具体过程是数据信息在进行传送时要先乘以高速率的扩频码序列形成复合码，再以此来控制射频信号中的某个参数，以实现频谱的扩展并通过天线发射。在接收信息机的一端，要首先获取发送端的精确的伪码，并且只有与发送端伪码一致才能用于对接收过来的新信号进行本地解扩，解扩后，要再进行解调以剔除干扰，最终把传送来的新信号重新恢复到原始数据，从而完成整个直接序列扩展频谱系统的接收。具体过程参见图 4-19 所示。

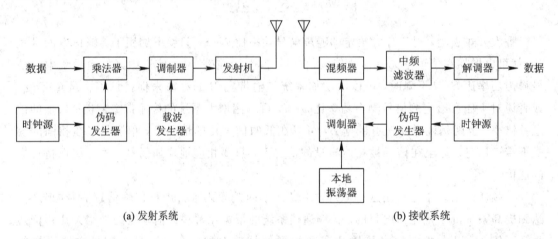

(a) 发射系统   (b) 接收系统

图 4-19　直接序列扩频通信系统简化图

在直接序列扩频工作中，通常要对某一载波采取相移键控调制，一般情况下采用平衡调制器，就能极大地提高发射效率。在接收中抑制载波的过程能形成抗干扰的能力，因其安全可靠的特点，直接序列扩频技术具有安全可靠的特点被广泛应用在军事、机密的通信和日常中的无线电视等领域。

4.6.4　跳频扩频技术

跳频扩频技术（FH-SS）用二进制伪随机码序列去离散地控制射频载波振荡器的输出频率，使发射信号的频率随伪随机码的变化而跳变。跳频系统可供随机选取的频率数通常是几千到 2^{20} 个离散频率，在如此多的离散频率中，每次输出哪一个是由伪随机码决定的。频率跳变扩展频谱通信系统的简化方框图如图 4-20 所示。

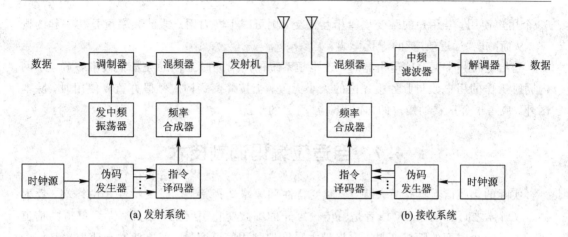

(a) 发射系统　　　　　　　　　　　　　　　　　(b) 接收系统

图 4 - 20　频率跳变扩频通信系统简化方框图

频率跳变扩频通信系统与常规通信系统相比较，最大的差别在于发射机的载波发生器和接收机中的本地振荡器。在常规通信系统中这二者输出信号的频率是固定不变的，然而在跳频通信系统中这二者输出信号的频率是跳变的。在跳频通信系统中发射机的载波发生器和接收机中的本地振荡器主要由伪随机码发生器和频率合成器两部分组成。快速响应的频率合成器是跳频通信系统的关键部件。

跳频通信系统发信机的发射频率，在一个预定的频率集内由伪随机码序列控制频率合成器（伪）随机地由一个跳到另一个。收信机中的频率合成器也按照相同的顺序跳变，产生一个和接收信号频率只差一个中频频率的参考本振信号，经混频后得到一个频率固定的中频信号，这一过程称为对跳频信号的解跳。解跳后的中频信号经放大后送到解调器解调，并恢复传输的信息。

在跳频通信系统中，控制频率跳变的指令码（伪随机码）的速率，没有直接序列扩频通信系统中的伪随机码速率高，一般为几十 b/s 至几千 b/s。由于跳频系统中输出频率的改变速率就是扩频伪随机码的速率，因此扩频伪随机码的速率也称为跳频速率。根据跳频速率的不同，可以将跳频系统分为频率慢跳变系统和频率快跳变系统两种。快跳频在发送每一个符号时发生多次跳变。因此，快跳频的速率将远远大于信道信号的传输速率。而慢跳频则是在传送一个或者多个符号位后的时间间隔内进行跳频。

FH-SS 系统的跳频速率取决于接收机合成器的频率捷变的灵敏性、发射信号的类型、用于防碰撞编码的冗余度和最近的潜在干扰的距离等。

跳频系统处理增益的定义与直接扩频系统的扩频增益的定义是相同的，即

$$PG = \frac{T_s}{T_c} = \frac{R_c}{R_s} = \frac{W_{ss}}{2R_s}$$

同样表明系统的处理增益越大，压制带内干扰的能力越强。

由于跳频系统对载波的调制方式并无限制，并且能与现有的模拟调制兼容，所以在军用短波和超短波电台中得到了广泛的应用。

移动通信中采用跳频调制系统虽然不能完全避免"远近效应"带来的干扰，但是却能减少它的影响，这是因为跳频系统的载波频率是随机改变的。例如，跳频带宽为 10 MHz，若每个信道占 30 kH 带宽，则有 333 个信道。当采用跳频调制系统时，333 个信道可同时供

33 个用户使用。若用户的跳变规律相互正交，则可减少网内用户载波频率重叠在一起的概率，从而减弱"远近效应"的干扰影响。

当给定跳频带宽及信道带宽时，该跳频系统的用户同时工作的数量就被唯一确定。网内同时工作的用户数与业务覆盖区的大小无关。当按蜂窝式构成频段并重复使用时，除本区外，应考虑邻区移动用户的"远近效应"引起的干扰。

4.7　自适应编码调制技术

实际的无线信道具有两大特点：时变特性和频率选择特性。时变特性是由终端、反射体、散射体之间的相对运动或者是由传输媒介的细微变化引起的。因此，无线信道的信道容量也是一个时变的随机变量。要想最大限度地利用信道容量，就要使发送速率也是一个随信道容量变化的量，也就是使编码调制方式具有自适应特性。自适应调制编码（Adaptive Modulation Coding，AMC）根据信道的情况确定当前信道的容量，根据容量确定合适的编码调制方式等，以便最大限度地发送信息，实现比较高的传输速率。

4.7.1　自适应编码调制概述

自适应传输技术很早就有学者提出，主要包括自适应功率控制技术、自适应调制技术、自适应功率控制结合自适应调制技术和自适应调制编码技术。由于自适应调制技术和自适应功率控制技术都存在一定程度的缺点（噪声提升和远近效应），而自适应调制编码技术能够克服上述的问题，因此自适应调制编码技术在通信领域得到了广泛应用。自适应调制编码技术基本原理如图 4-21 所示。该技术建立在信道估计的基础上，根据信道状态信息（Channel State Information，CSI）确定调制编码的方案，依靠调整调制编码的方式来控制信息的传输速率，使得信息的传输速率尽可能与信道特性匹配，即在信道条件好的情况下采用高阶编码调制方式，尽可能多地传输信息；在信道条件较差的情况下，为保证信息传输的可靠性，采用低阶的编码调制方式，降低了信息传输的速率。由于该项技术是基于跟踪、预测信道状态来动态调整信息传输速率的，因此具有良好的信道适应特性，适用于地面、卫星等无线通信系统。大量的研究成果发现，AMC 技术在不增加信道带宽和发射功率的条件下，当信噪比在 0～30 dB 范围内，可提供约 20 dB 的功率增益，成倍提升通信效率。

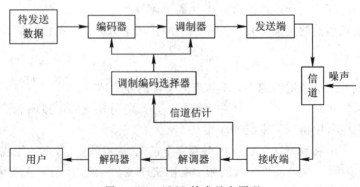

图 4-21　AMC 技术基本原理

4.7.2 自适应编码调制关键技术

AMC 技术是自适应传输技术家族中的一种，是在带宽受限的无线通信系统中实现数据高效传输的关键技术之一。自适应调制编码技术中编码方案的设计、信道状态估计以及调制编码策略的切换算法是该项技术的关键。

1. 自适应编码

信道编码能够有效地减小功率并获得指定的误码率，这在能量受限的无线系统的链路设计中尤为重要。许多无线系统采用差错控制编码来降低功率的消耗，传统的差错控制编码采用分组或卷积编码。这些编码的纠错是通过增加信号带宽或减小信息速率来获得的。网格编码使用信道编码与调制联合设计来获得更好的误码率性能，而不需要增加信号带宽或减小信息速率。

自适应编码的目的是以最小化能量获得高的频谱效率。一般而言，自适应编码都是与调制相结合的，很少单独使用。

2. 信道状态估计

根据 AMC 技术的原理，自适应调制编码技术是基于监测、跟踪信道状态信息的特定参数来自适应选择对应的编码调制策略。信道状态信息决定下一时刻数据传输将采用的编码调制方式。自适应调制编码技术非常依赖信道状态信息，因此准确的信道状态信息是自适应调制编码技术的关键，它将直接影响系统的性能。

1）信道状态估计

信道状态估计的方法很多，按照发送端是否有训练序列，可将信道估计方法分为盲信道估计方法、非盲信道估计方法和半盲信道估计方法。非盲信道估计方法是指在发送信号时域上加入特定的训练序列或者在频域上加入特定频率载波（导频），根据接收到的训练序列或者导频信号情况，对信道进行估计，发送端根据反馈结果对编码调制方案进行相应调整。该方法准确性高，但也存在一定的问题，当信道为深衰落信道，即信道参数变化幅度较大时，由于时延的问题，时域上插入训练码元的数据帧在接收端得到的估计结果只适合当前帧数据。依据该结果选择的编码调制方式不一定适合后面传输的帧数据，所以该方法仅适合参数变化缓慢的信道即慢衰落信道。

盲信道估计方法是指在发送信号中没有添加任何附加信号，主要是利用信道的统计信息来估计信道参数。该方法需要大量的数据样本作为支撑，估计参数收敛比较慢，计算量大，算法复杂，所以与非盲信道估计方法相比实现起来更为困难。

半盲信道估计方法是指综合分析非盲信道估计和盲信道估计方法优缺点，根据实际应用综合考虑，在信道条件好的情况下利用盲信道估计方法，在信道恶化的时候利用非盲信道估计方法，以此降低算法复杂度，提升信道估计性能。

2）信噪比估计

信噪比是信道品质 CSI 的表征参数之一，信噪比能够很好地反映信道当前所处的环境，而且计算简单，是现代无线通信系统中的重要参数之一，是自适应调制编码方案选择和切换的重要依据。它的准确与否直接影响系统能否达到预期的性能，因此信噪比估计对于 AMC 技术非常重要。

信噪比的估计方法按照采用的信号处理方法，可分为基于最大似然（ Maximum Likelihood， ML）、基于谱分析和基于统计量的估计方法。

基于最大似然的估计方法原理是，求出 I、Q 两路信号的联合密度函数，根据最大似然估计理论，构造关于信号（S）和噪声（N）的似然函数公式，求出似然函数值最大时所对应的信号（S）和噪声（N），从而得到信噪比估计值。该方法能取得良好的性能，但要求较高，需要周期的发送特定的训练序列。

基于谱分析的估计方法是一种简单实用的信噪比估计算法。该算法可利用功率分布函数拐点这个信号频带的重要参数，通过检测该参数实现估计信号的带宽和信噪比。该方法适用于大部分通信系统，且估计精度较高。

基于统计量的估计方法常用的是二阶四阶矩 M2M4 估计算法，该算法只需对观测信号进行二阶矩和四阶矩处理即可得到信噪比估计值，计算简单，不需要载波相位恢复，也不需要接收端的判决或者发射符号的信息。但是当信号采用高阶调制方式时，该方法的估计误差会随着信噪比的增大而增加。

3. MCS 调制和编码方案切换算法

调制和编码策略（Modulation and Coding Scheme，MCS）切换算法是 AMC 技术的重要内容，它是根据信道估计值以及适当的准则确定切换门限值，通过比对选择当前条件下的自适应调制编码方案，获得最大信息传输量。MCS 切换门限的准确性对系统性能的提升发挥着重要作用。切换门限的制定准则主要有传输速率最大化准则、误码率最小准则和发射功率最小化准则。传输速率的最大准则是在保证可接受误码的情况以尽可能快的速率传输数据，即采用高阶的编码调制方式。误码率的最小准则是保证码元传输速率和发射功率不变，调整 MCS 尽量减小接收端的误码率，该方式适合对通信品质要求较高的业务。发射功率最小即在保证系统性能的前提下尽可能最小化发射功率，这种方式比较适合便携式移动终端。总的来说在应用中应根据实际需要在这 3 个方面去做取舍。

4.7.3　AMC 技术的发展现状及主要应用

随着通信技术的不断发展与创新，为了提供更好的传输服务，提升通信传输的可靠性与有效性，链路自适应技术应运而生。链路自适应技术的主要目的是在给定的信道条件下，以尽可能高的速率传输数据。由于信道干扰、信号强度弱等因素，系统吞吐量不能达到最佳，因此需要动态地选择合适的链路参数来应对信道条件的恶化，从而取得较高的传输速率以及传输性能。在 20 世纪 70 年代，一些学者就研究了自适应技术，早期的自适应传输技术主要对自适应功率控制技术以及自适应调制技术进行研究，或者将两种技术相结合。功率分配旨在克服多径衰落问题导致的接收信号衰减。当系统需要满足某个 BER 限制时，必须根据信道条件在每个子载波中分配发射功率。因此，使用自适应调制来提高系统性能、带宽效率以及降低 BER。诸如 BPSK 和 QPSK 之类的低阶调制对于多径衰落鲁棒性更强，但传输的数据量却较少。相反，16QAM 调制具有很高的数据传输速率，但是对多径衰落敏感。

随着编码与调制技术的发展，有学者发现将卷积码、级联码等编码和 BPSK、QPSK 调制技术结合在一起的 AMC 技术可以克服以上缺陷，并且可以应对远近效应等问题，因此 AMC 技术开始在无线通信领域得到认可与发展。在 20 世纪 90 年代初，Turbo 码以良好的纠错性能受到广大研究学者的青睐，因此 Turbo 码和 QAM 调制结合的 AMC 技术得到广泛应用。在 5G 移动通信系统中，LDPC 码以其逼近香农极限的优越性能成为数据信道编码的编码标准，因此出现结合 LDPC 码的自适应调制编码的研究。目前，AMC 技术的最新研究主要集中在多入多出（Multiple-Input Multiple-Output，MIMO）技术、正交频分复用（Orthogonal Frequency Division Multiplexing，OFDM）方面，MIMO 技术是指多发射天线系统和多接收天线系统，该技术有效利用了空间资源。基于 MIMO 系统的 AMC 技术可以最大限度地使用每条传输通道的容量，因此数据传输速率得到了提升。同时，AMC 技术已经广泛应用于无线通信网络以及不同通信系统中，AMC 结合其他技术在不同通信系统中的应用已成为当前的主流研究方向。

　　AMC 技术在当前的研究中也存在一些问题和难点，例如对信道状态信息（Channel State Information，CSI）的测量和计算，反馈过程中的时延以及基站对 MCS 的选择方案等。由于机器学习的发展，目前已有学者将人工智能理论应用于无线通信物理层以及 AMC 中，取得较好成果。

第 5 章　抗 衰 落 技 术

在移动通信中，电波的反射、散射和绕射等，使得发射机和接收机之间存在多条传播路径，并且每条路径的传播时延和衰耗因子都是时变的，这样就造成了接收信号的衰落。衰落可分为平坦衰落与选择性衰落、快衰落与慢衰落。本章主要介绍抗衰落技术的基本原理以及典型的抗衰落技术。

5.1　抗衰落技术的基本原理

移动通信系统利用信号处理技术可以改善无线电传播环境中的链路性能。正如前面所述，由于多径衰落和多普勒频移的影响，会导致接收信号产生很大的衰落深度，衰落深度一般为 40~50 dB，偶尔可达到 80 dB。通过增大发射功率来克服这种深度衰落，需要很大的功率代价。因此人们利用各种信号处理的方法来对抗衰落，而采用分集技术和均衡技术就是用来克服衰落、改进接收信号质量的，它们既可单独使用，也可组合使用。

分集接收是指接收端信息的恢复是在多重接收的基础上，利用接收到的多个信号的适当组合来减少接收时窄带平坦衰落深度和持续时间，从而达到提高通信质量和可通率的目的。在其他条件不变的情况下，由于改变了接收端输出信噪比的概率密度函数，从而使系统的平均误码率下降 1~2 个数量级，中断率也明显下降。最通用的分集技术是空间分集，其他分集技术还包括天线极化分集、频率分集和时间分集。码分多址（CDMA）系统通常使用 RAKE 接收机，它能够通过时间分集来改善链路性能。

均衡是信道的逆滤波，用于消除由多径效应引起的码间干扰即符号间干扰（Inter Symbol Interference，ISI）。如前所述，如果调制信号带宽超过了无线信道的相关（干）带宽（Coherence Bandwidth），将会产生码间干扰，并且调制信号会展宽。而接收机内的均衡器可以对信道中的幅度和延迟进行补偿。均衡可分为两类：线性均衡和非线性均衡。均衡器的结构可采用横向或格型等结构。由于无线衰落信道是随机的、时变的，因此需要研究均衡器自适应地跟踪信道的时变特性。自适应均衡也可分成三类：基于训练序列的均衡、盲均衡（Blind Equalization，BE）与半盲均衡。

分集技术和均衡技术都被用于改进无线链路的性能，提高系统数据传输的可靠性。但是在实际的无线通信系统中，每种技术在实现方法、所需费用和实现效率等方面都有不同，因此在不同的场合需要采用不同的技术或技术的组合。

5.2　分 集 技 术

分集技术是一种典型的抗衰落技术，它可以用相对便宜的投资提高多径衰落信道下的传输可靠性。与均衡不同，分集技术不需要训练序列，因而发送端不需要发送训练序列，从而节省开销。分集技术的应用非常广泛。

5.2.1　分集的基本概念和分类

分集技术是通过查找和利用自然界无线传播环境中独立的(至少是高度不相关的)多径信号来实现的。这些多径信号在结构上和统计特性上具有不同的特点,通过对这些信号进行区分,并按一定规律和原则进行集合与合并处理来实现抗衰落。在许多实际应用中,分集各个方面的参数都是由接收机决定的,而发射机并不知晓分集的情况。

分集的概念可以简单解释如下:如果一条无线传播路径中的信号经历了深度衰落,而另一条相对独立的路径中可能仍包含着较强的信号,因此可以在多径信号中选择两个或两个以上的信号。这样做的好处是:接收端的瞬时信噪比和平均信噪比都有提高,并且通常可以提高 20~30 dB。

分集的必要条件是在接收端能够接收到承载同一信息内容且在统计上相互独立的若干不同的样值信号,这若干个不同样值信号可以通过不同的方式获得,如空间、频率、时间等。分集的充分条件是如何将可获得的含有同一信息内容但统计上相互独立的不同样值加以有效且可靠的利用,即分集中的集合与合并。

从"分"的角度划分,若按照接收信号样值的结构与统计特性,可分为空间分集、频率分集、时间分集、极化分集;从"分"位置划分,可分为发射分集、接收分集、收发联合分集。从"集"的角度划分,即按集合、合并方式,可分为选择合并、等增益合并、最大比合并;从"集"的位置划分,可分为射频合并、中频合并、基带合并。从分集的区域划分,又可以分为宏观分集和微观分集。

5.2.2　分集方式

分集分为宏观分集和微观分集两大类。宏观分集也称为多基站分集,其主要作用是抗慢衰落。例如,在移动通信系统中,把多个基站设置在不同的物理位置上(如蜂窝小区的对角线上),同时发射相同的信号,小区内的移动台选择其中最好的基站与之通信,以减小地形、地物及大气等对信号造成的慢衰落。微观分集的主要作用是抗快衰落。理论与实验都证明,当信号在空间、频率及时间等方面分离时,都会呈现出互相独立的衰落特性,由此按路径分离的不同,微观分集可分为空间、时间、频率、极化、角度、场分量等分集。

1. 空间分集

空间分集是利用相距足够远的不同天线产生的电场相互独立这一特性而构成的分集技术,也称天线分集(Antenna Diversity)。接收天线之间的距离 d 只要足够大,就可以认为天线输出信号间衰落特性是相互独立的。在理想的情况下,接收天线之间的距离应满足半长条件,即 $d > \lambda/2$(λ 为波长)。实际上,不同的天线接收的信号总是存在一定的相关性,其相关系数为

$$P_s = e^{-\left(\frac{d}{d_0}\right)^3}$$

式中, d 为天线间距; d_0 为与工作频率和入射波方向有关的系数。因此 d 越大,各支路信号的相关性就越弱。对于天线分集,分集的支路数越多,即天线根数越多,分集的效果越好,

但分集的复杂性也随之增加。在天线分集中，一般发射端使用一根发射天线，接收端采用多根接收天线。天线分集在频分(FDMA)通信系统、时分(TDMA)通信系统以及码分(CD-MA)通信系统都有应用。

经验表明：天线分集效果的好坏不仅与天线间的距离有关，而且和天线的排列、合并方式有关，特别是天线的布置尤为重要。对于二重分集来说，两副天线的排列应与来波方向平行，天线间的距离不应过大，否则效果增加不明显，相反却增加了场地占用的面积和馈线的损耗。另外所选的天线形式应尽可能一致，若天线形式不一致，应力求使其电性能相接近，否则会影响分集的效果。

2. 时间分集

时间分集是指以超过信道相干(关)时间的时间间隔重复发送信号，以便让再次收到的信号具有独立的衰落环境，从而产生分集效果。现在时间分集技术已经被大量地用于扩频CDMA的RAKE接收机中，以处理多径信号。实际设备中，时间分集与频率分集经常结合在一起使用，组成时间-频率分集系统。试验数据证明，采用时间-频率组合分集后误码率与采用频率分集误码率降低了2-3个数量级。

若同一信息要在不同时间内传送若干次，那么发送端的和接收端都需要存储器，发送端存的储器是为了重发信号而设置的，而接收端的存储器是为了使先后收到的信号在时间上取齐而设置的。时间分集除了可以有效地克服深度衰落外，还可以解决宽带噪声所造成的突发错误。由于这类噪声与空间、频率等参数相关，却唯独与时间无关，因此目前的数据传输系统广泛地采用时间分集技术。

3. 频率分集

频率分集是指用若干个载波同时传送同一信号，各路载波之间的频率间隔要大于或等于相干带宽(Coherence Bandwidth)，在接收端对不同频率的信号进行合成。频率分集在相干(关)信道带宽之外的频率上不会出现同样的衰落。理论上说，不相关信道产生同样衰落的概率是各自产生的衰落概率的乘积。这种方法只需要一副天线，但频谱使用效率较低，且需要较大的总发射功率。在 TDMA 系统中，当多径时延扩展与码元间隔相比时，频率分集可由均衡器获得。GSM 移动通信系统使用跳频获得频率分集。与空间分集相比，频率分集使用的天线数目减少了，但随之而来的缺点是占用的频率资源比较多，在发射端需要使用多部发射机。

4. 极化分集

当天线架设的场地受到限制，空间分集不易保证空间衰落独立时，可以采用极化分集替代或改进。在无线信道传输过程中，单一极化的发射电波由于传播媒质的作用会形成两个彼此正交的极化波，这两个不同极化的电波具有独立的衰落特性。极化分集就是利用这两个不同极化的电波具有独立衰落的特性，在接收端用两个位置很近但处于不同极化平面内的天线分散接收信号以达到分集的效果。极化分集可以看作空间分集的一种特殊情况，它也需要两根天线，仅是利用了不同极化波具有不相关的衰落特性来缩短天线间的距离而已。一般来讲，极化分集的效果不如空间分集，但是在两根天线距离较小的情况下，由于天线分集的两路信号间的相关性增加了，因而二重极化分集可能比二重空间分集更适用。

5. 角度分集

由于地形地貌以及建筑物等环境的不同，到达接收端的多径信号有可能方向不同，因此，在接收端使用方向性天线，使它们指向不同的波的方向，每个方向性天线接收到的多径信号是不相关的，从而实现了分集。

6. 场分量分集

由电磁场理论可知，当电磁波传输时，电场 E 总是伴随着磁场 H，且和磁场 H 携带相同的信息。若把衰落情况不同的 E 和 H 的能量加以利用，得到的就是场分量分集，也称为场分集。场分集不需要把两根天线从空间上分开，天线的尺寸也基本保持不变，对宽带无影响，但要求两根天线分别接收电场 E 和磁场 H，如采用微带天线和缝隙天线。

5.2.3　合并方式

分集信号的合并是指接收端收到多个独立衰落的信号后如何合并的问题。合并方法主要有选择合并、最大比合并、等增益合并。

1. 选择合并

选择合并（Selection Combining，SC）就是将天线接收的多路信号加以比较之后选取最高信噪比的分支。这种方式实际并非是合并，而是从中选一，因此又称为选择分集（SD）或开关分集。选择合并在射频实现时高频开关的切换会引起附加的噪声，对系统的性能会有一定影响。选择合并的性能与平均信噪比有关。选择合并的实现最为简单，其原理如图 5-1 所示。

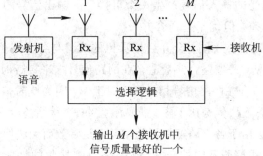

图 5-1　选择合并原理框图

选择逻辑的多个接收信号中选择具有最高基带倍噪比（SNR）的基带信号作为输出，如果使用检测前合并方式，则选择在天线输出端进行，从多个天线输出中选择一个最好的信号，再经过一部接收机就可以得到合并后的基带信号。

2. 最大比合并

最大比合并（Maximal Ratio Combining，RC）是最佳的分集合并方式，因为它能得到最大的输出信噪比。最大比合并方法是通过各分集分支采用相应的衰落增益加权然后再合并的方法，其原理如图 5-2 所示。它的实现要比其他两种合并方式困难，因为此时每一支路的信号都要利用，而且要给予不同的加权，使合并前输出的信噪比最大。目前 DSP 技术和数字接收技术正逐步采用这种最佳合并方式。最大比合并可以在中频合并，也可以在基带合并，合并时要保证各支路信号的相位保持一致。

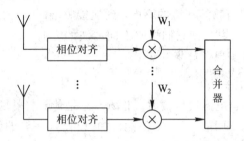

图 5 - 2 　最大比合并原理框图

　　最大比合并中各支路的加权系数与本路信号的振幅成正比，与本路的噪声功率成反比时，合并可得到最大信噪比输出。若各路噪声功率相同，则加权系数仅随本路的信号振幅而变化。显然，最大比合并能获得最大信噪比是因为信噪比大的支路加权大，这一路在合并器输出中的贡献也就大；反之，信噪比小的支路加权小，贡献也就小。

3. 等增益合并

　　等增益合并(Equal Gain Combining，EGC)是指将各支路信号同相后等增益相加作为合并后的信号，它与 MRC 类似，只是加权系数设置为 1。等增益合并是目前广泛使用的一种合并方式，因为其抗衰落性能接近最大比合并，实现又比较简单。在某些情况下，对真实的最大比合并提供可变化的加权系数是不方便的，所以将加权系数设置 1，简化了设备，也保持了从一组不可接受的输入信号产生一个可接受的输出信号的可能性，其等增益合并的性能比最大比合并稍差，但优于选择合并。

　　等增益合并与最大比合并不同，合并后信噪比的改善与各支路信噪比有着密切的关系。以二重分集为例分析可见，等增益合并最适合在两路信号电平接近时工作，此时可以获得约 3 dB 的增益。但是它不适合在两路信号相差悬殊时工作，因为此时信号弱的那一路也将被充分放大后参与合并，使总输出信噪比下降。需要注意的是：等增益合并必须在中频中进行，因为若是在低频中合并，会由于各支路解调器的增益不是常数而无法保证等增益合并。

　　以上这三种合并方式按照不同的合并原则，在分集接收的性能上有一定的差异。分集接收性能可以用分集增益、中断率(Outage Rate)和误码率等指标描述。

　　分析对比这三种合并方式可得出，最大比值合并的性能最好，选择式合并的性能最差。当分集支路数较大时，等增益合并的合并增益接近于最大比值合并的合并增益。

5.3　自适应均衡技术

5.3.1　自适应均衡原理

　　在移动传播环境中存在着多径衰落和多普勒频展，使得接收信号性能受到影响，从而也限制了通信传输速率。多径衰落主要指传输电磁波在传输过程中时常会因为碰撞到建筑物或者其他物体而产生反射、散射、绕射，又由于发射机和接收机的周围环境的干扰也会产生时变，其结果造成发送信号会由不止一条路径到达接收端，且每一路径都具有不同的幅度衰减和相位延迟，因而在接收端经过叠加的信号在时域上是被扩展了的，从而造成码间干扰，导致信号失真。为了在高速传输的条件下保持较好的移动通信质量，必须采用一些信号处理技术来对抗多径衰落，自适应均衡技术就是对抗多径衰落的主要方法。

由于传输路径的差异，各路都有不同的幅度衰减 a_i 和相位延迟 θ_i，最终移动速度为 v 的手机接收到的信号为这些来自不同路径的信号的叠加，可以用如下简单的数学模型来表示：

$$y(n) = \sum_i a_i \, e^{-j2\pi f_D \cos\theta_i} x(k-n)$$

式中，$f_D = v/\lambda$ 为多普勒频率。此数学模型可以用一个横向滤波器来实现，每一个抽头增益 $g(i) = a_i e^{-j2\pi f_D \cos\theta_i}$ 代表了相应的幅度衰减和相位延迟，该模型如图 5-3 所示。

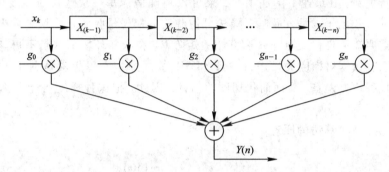

图 5-3　多径衰落信道的横向滤波器模型

由于多径衰落引起的时延扩展造成了高速数据传输时码元之间的干扰，因而采用增加平均信号电平的方法也无法降低时延扩展引起的误码率，只有采用自适应均衡技术，才是从根本上解决办法。

实现均衡有两个基本途径：

（1）频域均衡。频域均衡可使包含均衡器在内的整个系统的总传输特性满足无失真传输的条件。它往往是分别校正幅频特性和群时延特性，通常的线路均衡便采用频域均衡法。

（2）时域均衡。时域均衡就是直接从时间响应考虑，使包括均衡器在内的整个系统的冲激响应满足无码间串扰的条件。目前广泛利用横向滤波器作为时域均衡器，它可根据信道特性的变化而进行调整。

由于信号为时变信号，在设计时，不可能根据先验的统计结果预先了解到信号的统计特性，而要对信号采用短时自适应分析。为了能实现实时处理的要求，处理算法必须能以简单的运算来自动跟踪信号统计特性的变化。

自适应均衡器需具有三个特点：快速初始收敛特性、好的跟踪信道时变特性和低的运算量。

5.3.2　自适应均衡算法

实现自适应均衡的算法一直是移动通信领域应用的重点。

关于消除码间干扰，欧洲著名学者奈奎斯特(Nyquist)早在 1928 年就系统地论述了基带数字信号传输理论，并总结归纳出三个准则：峰值失真准则(迫零准则)、最小均方(Least Mean Square，LMS)准则、最小二乘(Least Square，LS)准则。迄今为止已运用 70 多年。均衡器是自适应滤波器在均衡方面的应用，因此自适应均衡器也必须遵循这几个准则。在这些准则下的自适应均衡算法有很多，其中最小均方误差算法 LMS 和递归最小二乘法 RLS 运用广泛，下面进行介绍。

1. 最小均方(LMS)类自适应均衡

LMS 算法是基于最小均方误差准则的算法，通过调解滤波器的权系数使输出信号 $y(n)$ 与期望信号 $d(n)$ 的均方误差 $2E[e(n)]$ 为最小。LMS 算法为随机梯度下降算法，是梯度最速下降算法的一种，在每次迭代时权矢量会沿着误差性能曲面的梯度估值的负方向按一定比例进行更新。在最速下降法中，如果可以精确估计每一次迭代所需要的梯度矢量，且选取合适的步长因子，那么最速下降法可使滤波器权矢量收敛于维纳解。然而要精确测量梯度矢量需要知道自相关矩阵 R 和互相关矩阵 P，在未知环境下这是不可能做到的，因此必须根据已有数据对梯度矢量进行估计。LMS 算法的核心思想就是利用单次采样获得的平方误差代替均方误差，从而简化梯度的估计。因此，把这种梯度估计也称为随机梯度估计。

图 5-4 为 LMS 算法的原理图。

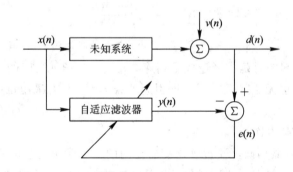

图 5-4　LMS 算法的原理图

LMS 算法可表示为

$$y(n) = X^{T}(n)W(n)$$
$$e(n) = d(n) - y(n)$$
$$W(n+1) = W(n) + 2\mu e(n)X(n)$$

式中：$W(n)$ 为自适应滤波器的权向量，$X(n)$ 为输入信号向量，$e(n)$ 为系统输出误差，$d(n)$ 为期望信号，$y(n)$ 为系统噪声，μ 是一个用来控制收敛速度和稳定性的增益常数，即步长因子。

LMS 算法在许多领域都广泛使用的自适应滤波算法的优点如下：

(1) 不需要矩阵求逆就可以求解维纳方程，另外还不需要知道输入信号的自相关矩阵以及输入信号和期望信号的互相关矩阵。

(2) 结构简单易于实现，并且在自适应过程中能够获得较高的性能。

(3) 与最速下降法相比，不需要离线的梯度估计或者数据副本。

（4）对许多输入信号来说，是稳定且鲁棒的。

（5）计算复杂度低，多用于线性时不变系统。

为了确保滤波器权值均值收敛，LMS 算法的步长因子 μ 必须满足一定的条件。μ 的选取对自适应滤波器的收敛速度和稳态误差都有影响。传统的固定因子的 LMS 算法的缺点是无法调和收敛速度和稳态误差之间的矛盾；存在梯度噪声放大的问题；受输入自相关矩阵特征值分散度的影响在有色输入条件下收敛速度较慢等。

为此，人们对 LMS 算法做了大量改进，人们提出的改进策略：

（1）为了解决收敛速度与稳态误差之间的矛盾，许多变步长算法相继被提出。当滤波器的输出误差较大时，采用较大的步长以加快收敛速度；误差较小时，采用较小的步长以减小稳态误差。此算法的关键问题是需要搜寻系统中能动态反应自适应滤波器变化的量并通过它来控制步长的更新。

（2）为了克服梯度噪声放大的问题，提出了一种归一化最小均方算法（NLMS）。该算法可以看作是一种特殊的变步长 LMS 算法，它在每次迭代过程中通过除以信号功率消除由于输入权向量过大而造成的噪声增加，同时该算法也增大了算法的动态输入范围，因而可以选用相对较大的步长以提高滤波器的收敛速度。

（3）为了改进算法在强相关输入条件下的收敛性能，在时域可以采用去相关的 LMS 算法，还可以采用变换域分块处理技术。对有滤波器权向量调整的修正项中的乘积用变换域快速算法与分块处理可以减小计算量，且改善收敛性能，如频域内的快速 LMS 算法、基于余弦变换域的自适应滤波算法、基于小变换域的自适应滤波算法等。

2. 递归最小二乘法（RLS）自适应均衡

最小二乘算法旨在使期望信号与滤波器输出的平方和达到最小。在每次迭代中接收到输入信号的新采样值时，可以采用递归形式求解最小二乘问题，得到递归最小二乘（Recursive-least-square，RLS）算法。RLS 算法能实现快速收敛，即使是在输入信号自相关矩阵 R 的特征值相差较大的情况下。这类算法有极好的性能，但其实现是以增加计算复杂度和稳定性为代价的。

将误差测度函数写成 $J(n)$，n 是观测数据的可变长度，另外习惯上引入一个遗忘因子 λ，则有

$$J(n) = \sum_{i=1}^{n} \lambda^{n-i} \mid e(i) \mid^2$$

其中：

$$e(n) = \begin{bmatrix} e(1) \\ e(2) \\ \cdots \\ e(n) \end{bmatrix} = \begin{bmatrix} d(1) \\ d(2) \\ \cdots \\ d(n) \end{bmatrix} - \begin{bmatrix} x(1) & 0 & \cdots & 0 \\ x(2) & x(1) & \cdots & 0 \\ \vdots & \vdots & \vdots & \vdots \\ x(n) & x(n-1) & \cdots & x(n-M+1) \end{bmatrix}$$

$$= b(n) - A(n)W(n)$$

式中：$b(n) = [d(1)\ d(2)\ \cdots\ d(n)]^{\mathrm{T}}$，$0 < \lambda \leqslant 1$，引入遗忘因子 λ^{n-i} 的目的是为了赋予老数据与新数据以不同的权值，以使自适应滤波器具有对输入过程特性变化的快速反应能力。为了获得 $J(n)$ 的最小值，可使 $J(n)$ 的梯度为 0，即

$$\frac{\partial}{\partial W(n)}J(n)=0$$

$$R_x(n)W_{opt}(n)=q(n)$$

式中：W_{opt} 是 RLS 均衡器的最佳抽头增益向量，$q(n)$ 是输入向量 $X(n)$ 和期望 $d(n)$ 之间的确定互相关矩阵。

$$R_x^{-1}(n)=\lambda^{-1}R_x^{-1}-\frac{\lambda^{-1}R_x^{-1}(n-1)X(n)X^T(n)R_x^{-1}(n-1)}{1+\lambda^{-1}X^T(n)R_x^{-1}(n-1)X(n)}$$

令

$$P(n)=R_x^{-1}(n)$$

$$K(n)=\frac{\lambda^{-1}P(n-1)X(n)}{1+\lambda^{-1}X^T(n)R_x^{-1}(n-1)X(n)}$$

重新安排可以得到 $W(n)$ 的递推表示式：

$$W(n)=W(n-1)+K(n)\alpha(n)$$

$$\alpha(n)=d(n)-X(n)W(n-1)$$

λ 是一个可以改变均衡器性质的系数。λ 的倒数可以用来衡量算法的记忆能力。如果信道是非时变的，那么设 $\lambda=1$，可以说算法有无限记忆性，因为自适应均衡器系数的值是关于过去所有输入值的函数。通常 $1<\lambda<1$。

RLS 算法广泛应用于自适应滤波、系统辨识与信号预测。但是该算法只有在方程误差为 0 均值的高斯白噪声以及系统模型非时变时才能保证渐进趋于真值。该算法的另一个显著特点是，为了减小预测中的噪声影响，当参数慢慢趋向于真值时，增益向量便接近于 0。因此，RLS 算法就有可能无法跟踪信道参数的变化。为了解决这一问题，在实践中，人们提出了许多改进的 RLS 算法。例如：指数遗忘的加窗 RLS 算法，避免了增益向量变成 0。这一算法的优点是它对于信道参数的变化总是能够起到预防的作用；然而也因为非 0 的增益向量使得该算法对信道的扰动和噪声都非常敏感。另外一个方法是一旦检测到信道的变化，就重新初始化迭代协方差矩阵 $P(t)$。关于具体的改进方法，本书不作更多叙述，读者可参考相关文献。

5.4　RAKE 接收机

RAKE 接收技术是第三代 CDMA 移动通信系统中的一项重要技术。在 CDMA 移动通信系统中，由于信号带宽较宽，存在复杂的多径无线电信号，通信受到多径衰落的影响。RAKE 接收技术实际上是一种多径分集接收技术，可以在时间上分辨出细微的多径信号，对这些分辨出来的多径信号分别进行加权调整，使之复合成为加强的信号。

5.4.1　RAKE 接收机的基本原理

对每个路径使用一个相关接收机，各相关接收机与被接收信号的一个延迟形式相关，然后对每个相关接收机的输出进行加权，并把加权后的输出相加合成一个输出，以提供优于单路相关器的信号检测，然后在此基础上进行解调和判决。其结构如图 5-5 所示。

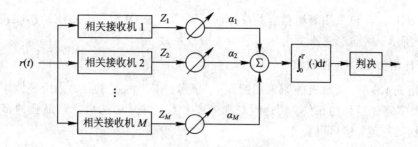

图 5-5　M 支路 RAKE 接收机

图 5-5 中，每个相关接收机检测一路延时信号，其各检测支路间的相对时延超过一个码片。

5.4.2　RAKE 接收机的形式

RAKE 接收机存在不同的实现形式，常见的有：检测后积分（PDI，Post Detection Integration）多径接收机、具有信道参数测量的 DPSK-RAKE 接收机、并行相关 RAKE 接收机等，下面分别进行介绍。

1. 检测后积分多径接收机

当多径时延未知时，最简单的多径分集方式是采用检波，后积分的方法即在接收机检测器后面设置一个积分时间等于多径扩展 τ_M 秒的积分器，如图 5-6 所示。

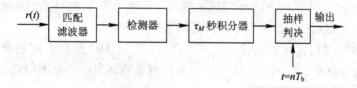

图 5-6　PDI 接收机

PDI 接收机的优点是实现起来比较简单，但存在一个约束条件，即 t_M 不能大于码元宽度，否则多径分量会落到相邻码元中而造成码间干扰。

2. 具有信道参数测量的 DPSK-RAKE 接收机

为了获得信道参数，可采用探测信号。探测信号可以是专门的信号（训练序列），也可以是数据信号本身，接收机通过接收探测信号来估计信道参数 $\{\widehat{\alpha_k}\}$ 和 $\{\widehat{\tau_k}\}$。图 5-7 给出了具有信道参量的 RAKE 接收机的结构。

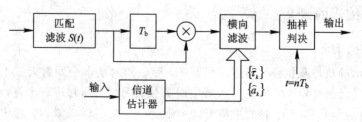

图 5-7　DPSK-RAKE 接收机

当 RAKE 接收机采用等增益合并准则时，则称之为 DPSK –DRAKE 接收机，其结构如图 5-9 所示。横向滤波器采用相同的抽头加权系数。

3. 并行相关 RAKE 接收机

并行相关 RAKE 接收机的原理如图 5-8 所示。图中的搜索器的作用是搜索所有的路径，估计出多路径信号的相位、到达时刻和强度参数，并从中选出三路最强的多径信号供相关器作相关处理，然后再合并。

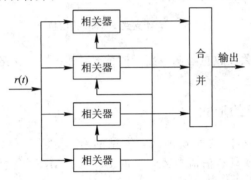

图 5-8　并行相关 RAKE 接收机

对于 IS-95CDMA 系统，基站中的 RAKE 接收机有 4 个并行相关器和 2 个搜索相关器组成，基站接收机无法得到多径信号的相位信息，一般采用非相关最大比值合并准则；而移动台中的 RAKE 接收机由 3 个并行相关器和一个搜索相关器组成，它可利用基站发送的导频信号估计出多径信号的相位、到达时刻和强度参数。

RAKE 接收机将同智能天线技术、多用户检测、MIMO 系统三项关键革新技术相结合，其研究的热点包括：RAKE 接收机如何降低复杂度；多用户检测的最优算法；MIMO 系统与 OFDM 的结合等。

5.5　空时编码技术

利用 MIMO 技术可以提高信道的容量，同时也可以提高信道的可靠性，降低误码率。前者是利用 MIMO 信道提供的空间复用增益，后者是利用 MIMO 信道提供的空间分集增益。目前，MIMO 技术的一个研究热点就是空时编码。空时编码利用了空间和时间上的分集，从而降低信道误码率。

5.5.1　空时编码的概念

1. 空时编码提出

从信源给出的信息数据流，到达编码器后，形成同时从多个发射天线上发射出去的矢量输出，称这些调制符号为空时符号或者空时矢量符号。与通常用一个复数表示调制符号类似（复的基带表示），一个空时矢量符可以表示为一个复数的矢量，矢量中数的个数等于发射天线的个数。

使用空时编码是达到或接近多输入多输出无线信道容量的一种可行、有效的方法。

2. 空时编码分类

从设计角度来看，目前已提出的各种空时编码方法可分为以下 3 类：

第 1 类以改善传输性能为目的，利用 MIMO 系统所能提供的分集度，设计具有满分集度的空时码，以提高信息传输的可靠性。典型的有空时网格码（STTC）、空时正交设计（STOD）码以及对角代数空时（DAST）块码等。

第 2 类以提高信息符号传输速率为目的，利用 MIMO 系统所能提供的传输自由度，设计达到全速率信息传输的空时码，以提高信息传输的有效性。典型的有贝尔分层空时结构（BLAST）、线性弥散（LD）码等。

第 3 类是最近两三年提出的，同时以提高信息传输性能和速率为目的，力图设计达到满分集度全速率的空时码。如线状代数空时（TAST）块码、线性复数域预编码（LFC）空时码等。

3. 空时编码模型

空时编码模型如图 5 - 9 所示。

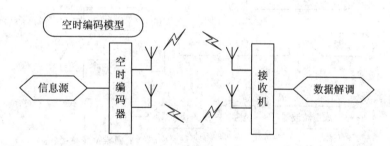

图 5 - 9　空时编码的工作示意

若干个信息比特 C 由空时编码器编码成 N 个码元，其中 c_t^i 表示时隙 t 从第 i 个天线上发送的信号，若表示时隙 t 天线 j 收到信号（假定理想的定时和频率信息），则接收信号可以写成：

$$r_t^j = \sum_{i=1}^{N} h_{ij} c_t^i + \eta_t^j$$

从 N 个发射天线到 M 个接收天线的无线信道可以用 $M \times N$ 信道矩阵 $\boldsymbol{H}$ 表示为

$$\begin{bmatrix} h_{11} & h_{12} & \cdots & h_{1N} \\ h_{21} & h_{22} & \cdots & h_{2N} \\ \vdots & \vdots & \ddots & \vdots \\ h_{M1} & h_{M2} & \cdots & h_{MN} \end{bmatrix}$$

则接收信号也可表示矩阵形式为：

$$\boldsymbol{r} = \boldsymbol{Hc} + \boldsymbol{\eta}$$

其中：

$$\boldsymbol{r} = (r_t^1, r_t^2, \cdots, r_t^M)^T, \quad \boldsymbol{c} = (c_t^1, c_t^2, \cdots, c_t^N)^T, \quad \boldsymbol{\eta} = (\eta_t^1, \eta_t^2, \cdots, \eta_t^M)^T$$

通过这种方式，空时编码利用了阵列天线处理技术开发出 MIMO 技术，可以有效抵消衰落，提高频谱效率。

5.5.2 常见的空时编码

当前比较成熟的空时编码技术是：空时网格码（Space Time Trellis Code，STTC，简称为空时格码）和空时分组码（Space Time Block Code，STBC，简称为空时块码）。STTC 在编码时考虑了前后输入的关联，因此其性能是比较好的。但是由于 STTC 的复杂度是与传输数据速率呈指数关系上升的，因此在提高性能的同时，整个系统的复杂度也大大提升。STBC 利用其正交性，采用最大似然译码，使得译码复杂度大大下降，同时还能够获得最大的分集增益。

1. STTC

STTC 是一种将差错控制的编码、调制、发射和接收分集联合在一起进行设计的空时编码。STTC 适用于多种无线信道环境。STTC 把编码和调制结合起来，能够达到编译码复杂度、性能和频带利用率之间的最佳折中，是一种最佳码（工作过程如图 5-10 所示）。

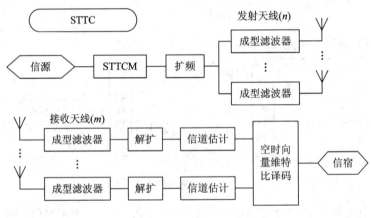

图 5-10 STTC 空时编码

图 5-10 中，STTC 每次由信源输入一个码元产生一列向量码元，并把输入码片流编码成输出向量码片流。因为译码器具有记忆性，所以这些向量码片在时间上是相关的。译码借助最大似然序列估计来完成信道估计。像用于单天线信道的传统 TCM（Trellis Coded Modulation，格型编码调制）一样，STTC 提供了一定的编码增益，此外还提供了全部的分集增益。

2. STBC

STBC 是用于在多个天线上发送数据流的多个副本，并利用各种接收的数据来提高数据传输的可靠性。传输信号必须穿过具有散射，反射，折射等的潜在困难环境，传输中信号可能被接收器中的热噪声破坏，这意味着一些接收到的数据副本将比其他更好。这种冗余导致能够使用一个或多个接收到的副本来正确解码接收信号的机会更高。实际上，空时编码以最佳方式组合所接收信号的所有副本，以尽可能多地从每个副本中提取信息。

STBC 通常由矩阵表示，其中每行代表一个时隙，每列代表一个天线随时间的传输，以复信号星座的 STBC 编码为例，说明如下：

$$\boldsymbol{X}_4^c = \begin{bmatrix} x_1 & -x_2 & -x_3 & -x_4 & x_1^* & -x_2^* & -x_3^* & -x_4^* \\ x_2 & x_1 & x_4 & -x_3 & x_2^* & x_1^* & x_4^* & -x_3^* \\ x_3 & -x_4 & x_1 & x_2 & x_3^* & -x_4^* & x_1^* & x_2^* \\ x_4 & x_3 & -x_2 & x_1 & x_4^* & x_3^* & -x_2^* & x_1^* \end{bmatrix}$$

其中，x_1，x_2，x_3，x_4 为发送数据，"$(\cdot)^*$"表示复共轭。

复信号星座的 STBC 译码如下：

$$x_1 = \sum_{j=1}^{n_R} (r_1^j h_{j,1}^* + r_2^j h_{j,2}^* + r_3^j h_{j,3}^* + r_4^j h_{j,4}^* + (r_5^j)^* h_{j,1} + (r_6^j)^* h_{j,2} + (r_7^j)^* h_{j,3} + (r_8^j)^* h_{j,4})$$

$$x_2 = \sum_{j=1}^{n_R} (r_1^j h_{j,2}^* + r_2^j h_{j,1}^* + r_3^j h_{j,4}^* + r_4^j h_{j,3}^* + (r_5^j)^* h_{j,2} + (r_6^j)^* h_{j,1} + (r_7^j)^* h_{j,4} + (r_8^j)^* h_{j,3})$$

$$x_3 = \sum_{j=1}^{n_R} (r_1^j h_{j,3}^* + r_2^j h_{j,4}^* + r_3^j h_{j,1}^* + r_4^j h_{j,2}^* + (r_5^j)^* h_{j,3} + (r_6^j)^* h_{j,4} + (r_7^j)^* h_{j,1} + (r_8^j)^* h_{j,2})$$

$$x_4 = \sum_{j=1}^{n_R} (-r_1^j h_{j,4}^* - r_2^j h_{j,3}^* + r_3^j h_{j,2}^* - r_4^j h_{j,1}^* - (r_5^j)^* h_{j,4} - (r_6^j)^* h_{j,3} + (r_7^j)^* h_{j,2} - (r_8^j)^* h_{j,1})$$

上式中，r 为接收分量，h 为信道矩阵元素。

Alamouti 空时编码假定采用 M 进制调制方案如图 5 - 11 所示。首先调制每一组 $m = \mathrm{lb}M$ 个信息比特。然后，编码器在每一次编码操作中取两个调制符号合成的一个分组，并根据如下给出的编码矩阵将他们映射到发射天线：

$$\boldsymbol{X} = \begin{bmatrix} x_1 & -x_2^* \\ x_2 & x_1^* \end{bmatrix}$$

分别用 $\boldsymbol{X}^1 = \begin{bmatrix} x_1 & -x_2^* \end{bmatrix}$ 和 $\boldsymbol{X}^2 = \begin{bmatrix} x_2 & -x_1^* \end{bmatrix}$ 来表示天线 1 和 2 上的发射序列。

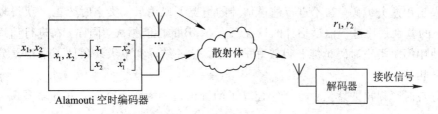

图 5 - 11　Alamouti 空时编码示意图

Alamouti 方案的主要特征是两根发射天线的发射序列是正交的，也就是说，序列和的内积为 0，如下式：

$$\boldsymbol{X}^1 \cdot \boldsymbol{X}^2 = x_1 x_2 - x_2^* x_1^* = 0$$

在 t 时刻从第一和第二根发射天线到接收天线的衰落信道系数分别用 h_1 和 h_2 表示。假定衰落系数在两个连续符号发射周期之间不变，则可以表示为：

$$h_1(t) = h_1(t+T) = h_1 = |h_1| \mathrm{e}^{\mathrm{j}\theta_1}$$
$$h_2(t) = h_2(t+T) = h_2 = |h_2| \mathrm{e}^{\mathrm{j}\theta_2}$$

式中，和$(i = 1, 2)$分别是发射天线到接收天线的幅度增益和相移，T 为持续时间。在接收天线端，两个连续符号周期中的接收信号(t 时刻和 $t+T$ 时刻)分别表示如下：

$$r_1 = h_1 x_1 + h_2 x_2 + n_1$$

$$r_2 = -h_1 x_2^* + h_2 x_1^* + n_2$$

　　STTC 与 STBC 的一个不同特性是，典型的空时分组码是复数域上的线性码。这些复数实质上是带有 M 个点星座图的二维调制域上的码元。STTC 是有限域上的线性码，但这些线性码在复数域上不是线性的。STTC 可实现高端的信噪比性能，STBC 可实现低信噪比性能。由于 STBC 具有相对简单的译码算法和较好的性能，因此可以将其和其他前沿技术相结合，如与 OFDM 相结合，不但可以得到极佳的性能，而且还可以有效地降低 OFDM 盲信道估计的难度。

3. 其他种类的空时编码技术

　　不论是 STTC、STBC 这样的基于发射分集的空时码，还是分层空时码，在接收端译码时都需要了解信道状态信息(CSI)，了解有没有不需要对信道状态信息进行估计的空时编码。(若信道属于快变衰落信道，即信道参数变化比较快，或者收发天线数目比较多时，接收端进行信道估计就会非常困难，有时甚至根本无法估计。)

　　1) 酉空时码

　　酉空时码(Unitary Space-Time Codes)在形式上类似于 STBC，是 Hochwald 所构造的一种接收端不需进行信道估计的空时码，要求发送码矩阵为酉矩阵。

　　酉空时码的设计与前述几种空时码截然不同，它不是优化欧氏距离，而是优化相关矩阵的矩阵范数，它的值越小，酉空时码的性能越好。酉空时码作为快变衰落信道下的一种空时码解决方案，具有一定的实际意义，但如何简单有效地构造性能较好的酉空时码是个难点。

　　2) 差分空时码

　　差分空时码的概念最早由 Tarokh 提出，它类似于单天线条件下的差分调制技术。

　　如果采用差分编码，在不进行信道估计的情况下使用第 1 类空时码也可获得较好的性能，唯一的差别是比进行信道估计的情况下有 3 dB 的性能损失，同样，在进行信道估计的情况下使用第 1 类空时码也能获得较好的性能。这一结论和单天线条件下采用差分调制的情况十分相似。

　　差分空时码提出的意义就在于它建立了两种信道环境下空时码之间的联系。

　　3) 联合编码

　　所谓联合编码，就是将新兴的空时码技术与发展比较成熟的其他信道编码技术相结合，同时发挥两者的优点，以期更好地改善信道的质量。

　　联合编码可以采用传统的信道编码与空时编码级联的形式，即发送端先对数据进行传统的信道编码(如卷积码、RS 码等)，然后进行空时编码和调制，接收端先进行空时译码，再进行信道译码。

　　采用这样的方式，不仅可以同时利用空时码的抗多径干扰能力，又可以发挥成熟信道编码的纠错能力，也可以将空时码作为传统信道编码的内码使用。

第 6 章　多址接入技术

在无线通信环境中的电波覆盖区内，如何建立用户之间的无线信道的连接，这便是多址连接问题，也称为多址接入问题。由于无线通信具有大面积无线电波覆盖和广播信道的特点，移动通信网内一个用户发射的信号均可以被其他用户接收，因此，网内用户必须具有从接收到的无线信号中识别出本用户地址信号的能力。解决多址连接问题的方法叫作多址接入技术。

本章主要介绍应用于移动通信系统中的多址接入技术，如频分多址（FDMA）、时分多址（TDMA）、码分多址（CDMA）、空分多址（SDMA）、正交频分多址（OFDMA）、随机多址技术等，并简要分析 FDMA、TDMA 和 CDMA 蜂窝系统的系统容量。

6.1　多址接入技术的基本原理

6.1.1　多址接入方式

从移动通信网的构成可以看出，大部分移动通信系统都有一个或几个基站和若干个移动台。基站要和多个移动台同时通信，因而基站通常是多路的，有多个信道；而每个移动台只能供一个用户使用，是单路的。许多用户同时通话，以不同的信道分隔，防止相互干扰；各用户信号通过在射频频段上的复用，从而建立各自的信道，以实现双边通信的连接。可见，基站的多路工作和移动台的单路工作是移动通信的一大特点。在移动通信业务区内，移动台之间或移动台与用户之间是通过基站同时建立各自的信道，从而实现多址连接的。

目前，主流的多址接入是采用正交多址方式，其数学基础是信号的正交分割原理。尽管这种多址的原理与固定通信中的信号多路复用有些相似，但也有所不同。多路复用的目的是区分多个通路，通常在基带和中频上实现，而多址划分是区分不同的用户地址，往往需要利用射频频段辐射的电磁波来寻找动态的用户地址，同时为了实现多址信号之间互不干扰，不同用户无线电信号之间必须满足正交特性。信号的正交性是通过信号正交参量来实现的。当正交参量仅考虑时间、频率和码型时，无线电信号可写成

$$s(c, f, t) = c(t)s \tag{6-1}$$

式中：$c(t)$ 是码型函数；$s(f, t)$ 是时间 t 和频率 f 的函数。

有多种方式可以区分不同用户地址：如频分多址（FDMA）是以传输信号载波频率的不同来区分的；时分多址（TDMA）是以传输信号存在的时间不同来区分的；码分多址（CDMA）是以传输信号的码型不同来区分的。图 6-1 分别给出了 N 个信道的 FDMA、TDMA 和 CDMA 的示意图。由图中可见，频分多址中不同用户的频道（隙）相互不重叠（即正交），时分多址中不同用户的时隙相互不重叠，码分多址中不同用户的码型相互不重叠。

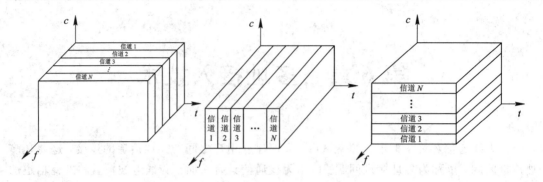

图 6 - 1 FDMA、TDMA 和 CDMA 的示意图

6.1.2 多址接入与信道

1. 物理信道

信道是传输信息的通道，依据传输媒介的不同，信道可分为有线信道和无线信道两大类。无线信道是指利用无线电波传输信息的通道。依据传输信号的形式不同可分为模拟信道和数字信道两类。模拟信道是指传输语音等模拟信号的信道，数字信道是指能直接传输数字信号的信道。数字移动通信信道是属于移动环境下的无线数字信道。

具体的物理信道与采用何种多址（接入）方式有关。频分多址接入时的信道表现为频道，时分多址接入时的信道表现为时隙，码分多址接入时的信道表现为码型。频道、时隙和码型是多址连接信道的三种主要形式。

2. 数字移动通信的信道

由于频分多址技术发展较早也最为成熟，因此早期的蜂窝系统建立在频分多址的基础之上。后来发展的数字蜂窝移动通信，仍然采用蜂窝结构，其时分多址系统是将频分与时分相结合，综合利用频分和时分的优点形成基于时分多址的系统；而码分多址系统则是将频分与码相结合，形成基于码分多址的系统。例如，GSM 系统就是在频分基础上的时分多址的蜂窝系统；而 IS-95 CDMA 系统则是在频分基础上的码分多址的蜂窝系统。

就用户之间建立信道而言，基于时分多址系统的信道是时隙，而基于码分多址系统的信道是码型。

6.2 FDMA 方式

6.2.1 FDMA 系统原理

FDMA 为每一个用户指定了特定信道，这些信道按要求分配给请求服务的用户。在呼叫的整个过程中，其他用户不能共享这一频段。从图 6 - 2 中可以看出，在频分双工（Frequency Division Duplex，FDD）系统中，分配给用户一个信道，即一对频道。一个频道用作前向（下行）信道，即基站（BS）向移动台（MS）方向的信道；另一个则用作反向（上行）

信道,即移动台向基站方向的信道。这种通信系统的基站必须同时发射和接收多个不同频率的信号;任意两个移动用户之间进行通信都必须经过基站的中转,因而必须同时占用 2 个信道(一对频道)才能实现双工通信。它们的频谱分割如图 6-3 所示。在频率轴上,前向信道占有较高的频带,反向信道占有较低的频带,中间为保护频带。在用户频道之间,设有保护频隙 Δf_g,以免因系统的频率漂移造成频道间的重叠。

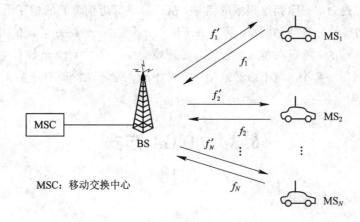

图 6-2 FDMA 系统的工作示意图

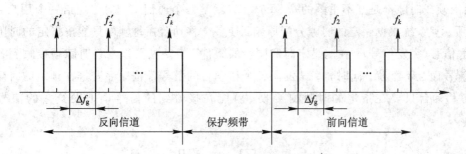

图 6-3 FDMA 系统频谱分隔示意图

保证频道之间不重叠(例如频道间隔为 25 kHz)是实现频分双工通信的基本要求。FDMA系统基于频率划分信道。每个用户在一对频道($f \sim f'$)中通信。若有其他信号的成分落入一个用户接收机的频道带内时,将会造成对有用信号的干扰。就蜂窝小区内的基站与移动台系统而言,主要干扰有互调干扰和邻道干扰。在频率复用的蜂窝系统中,还要考虑同频干扰。

6.2.2 FDMA 系统的特点

FDMA 系统有以下特点:

(1) 每个信道占用一个载频,相邻载频之间的间隔应满足传输信号带宽的要求。为了在有限的频谱中增加信道数量,系统均希望载频之间间隔越小越好。FDMA 信道的相对带宽较小(25 kHz 或 30 kHz),每个信道的每一载波仅支持一个连接,也就是说 FDMA 通常可以在窄带系统中实现。

（2）符号时间远大于平均延迟扩展。这说明符号间干扰的数量低，因此在窄带 FDMA 系统中无须自适应均衡。

（3）基站复杂庞大，重复设置收发信设备。基站有多少信道，就需要多少部收发信设备，同时还需用天线共用器，这样会使功率损耗增大，且易产生信道间的互调干扰。

（4）FDMA 系统载波单个信道的设计，使得在接收设备中必须使用带通滤波器允许指定信道里的信号通过，滤除其他频率的信号，从而限制邻近信道间的相互干扰。

（5）越区切换较为复杂和困难。因为在 FDMA 系统中，分配好语音信道后，基站和移动台都是连续传输的，所以在越区切换时，必须瞬时中断传输数十至数百毫秒，以把通信从一频率切换到另一频率。对于语音通信，瞬时中断问题不大，而对于数据传输则将会使数据的丢失。

6.3　TDMA 方式

6.3.1　TDMA 系统原理

TDMA 是在一个宽带的无线载波上，把时间分成周期性的帧，每一帧再分割成若干时隙（无论帧或时隙都是互不重叠的），每个时隙就是一个通信信道，分配给一个用户。如图 6-4 所示，系统根据一定的时隙分配原则，使各个移动台在每帧内只能按指定的时隙向基站发射信号（突发信号），在满足定时和同步的条件下，基站可以在各时隙中接收到各移动台的信号而互不干扰。同时，基站发向各个移动台的信号都按顺序安排在预定的时隙中传输，各移动台只要在指定的时隙内接收，就能在接收到的信号中把发给它的信号区分出来。

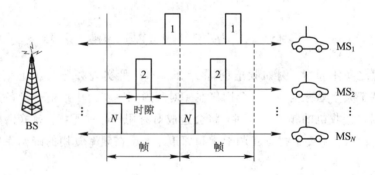

图 6-4　TDMA 系统的工作示意图

6.3.2　TDMA 的帧结构

TDMA 帧是 TDMA 系统的基本单元，它由时隙组成，在时隙内传送的信号叫作突发（Burst），各个用户的发射相互连成 1 个 TDMA 帧。TDMA 帧结构示意图如图 6-5所示。

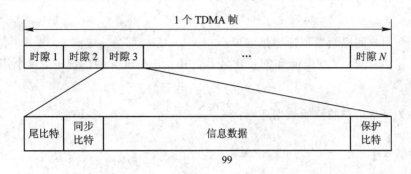

图 6-5　TDMA 帧结构示意图

从图 6-5 中可以看出，1 个 TDMA 帧是由若干个时隙组成的，不同通信系统的帧长度和帧结构是不一样的。典型的帧长在几毫秒到几十毫秒之间，例如，GSM 系统的帧长为 4.6 ms(每帧 8 个时隙)，DECT 系统的帧长为 10 ms(每帧 24 个时隙)。在 TDMA/TDD 系统中，帧信息中一半时隙用于前向链路；而另一半时隙用于反向链路。在 TDMA/FDD 系统中，有一个完全相同或相似的帧结构，要么用于前向传送，要么用于反向传送，但前向链路和反向链路使用的载频和时间是不同的。

在 TDMA 系统中，每帧的时隙结构设计通常要考虑三个主要问题：一是控制信息和信令信息的传输；二是多径衰落信道的影响；三是系统的同步。在 GSM 系统中，TDMA 帧和时隙的具体构成在第 7 章有详细介绍。

6.3.3　TDMA 系统的特点

TDMA 系统有以下特点：

(1) 突发传输的速率高。传输速率远大于语音编码速率，每路编码速率设为 R，共 N 个时隙，则在这个载波上传输的速率将大于 NR。这是因为 TDMA 系统中需要较高的同步开销。同步技术是 TDMA 系统正常工作的重要保证。

(2) 发射信号的速率随 N 的增大而提高。如果该速率为 100 kb/s 以上，码间串扰就将加大，此时必须采用自适应均衡，以补偿传输失真。

(3) TDMA 用不同的时隙来发射和接收，因此不需要双工器。即使使用 FDD 技术，在用户单元内部的切换器就能满足 TDMA 在接收机和发射机间的切换，而无须使用双工器。

(4) 基站复杂性减小。N 个时分信道共用一个载波，占据相同带宽，只需一部收发信机，互调干扰小。

(5) 抗干扰能力强，频率利用率高，系统容量较大。

(6) 越区切换简单。由于在 TDMA 中移动台是不连续的突发式传输，因此切换处理对一个用户单元来说是比较简单的。因为它可以利用空闲时隙监测其他基站，这样越区切换就可在无信息传输时进行，因而没有必要中断信息的传输，这时传输数据也不会因越区切换而丢失。

许多系统综合采用 FDMA 和 TDMA 技术，例如 GSM 数字蜂窝移动通信标准采用 200 kHz FDMA 信道，并将其再分成 8 个时隙，用于 TDMA 传输。

【例 6-1】　考虑每帧支持 8 个用户且数据速率为 270.833 kb/s 的 GSM TDMA 系统，

试求：

(1) 每个用户的原始数据速率是多少？

(2) 在保护时间、跳变时间和同步比特共占用 10.1 kb/s 的情况下，每个用户的传输效率是多少？

解 (1) 每个用户的原始数据速率：$\dfrac{270.833 \text{ kb/s}}{8} = 33.854 \text{ kb/s}$。

(2) 传输效率：$1 - \dfrac{10.1}{33.854} = 70.2\%$。

【例 6 - 2】 假定某个系统是一个前向信道带宽为 50 MHz 的 TDMA/FDD 系统，并且将 50 MHz 分为若干个 200 kHz 的无线信道。当一个无线信道支持 16 个语音信道，并且假设没有保护频隙时，试求出该系统所能同时支持的用户数。

解 在 GSM 中包含的用户数 N，$N = (50 \text{ MHz}/200 \text{ kHz}) \times 16 = 4000$，因此该系统能同时支持 4000 个用户。

【例 6 - 3】 如果 GSM 使用每帧包含 8 个时隙的帧结构，并且每一时隙包含 156.25 b，在信道中数据的发送速率为 270.833 kb/s，求：

(1) 1 个比特的时长。

(2) 1 个时隙长。

(3) 帧长。

(4) 占用一个时隙的用户在两次发射之间必须等待的时间。

解 (1) 1 个比特时长 $T_b = \dfrac{1}{270.833} \text{ kb/s} = 3.692 \ \mu\text{s}$。

(2) 1 个时隙长 $T_{slot} = 156.25 \times T_b = 0.577 \text{ ms}$。

(3) 帧长 $T_f = 8 \times T_{slot} = 4.615 \text{ ms}$。

(4) 用户必须等待 4.615 ms，在一个新帧到来之后才可进行下一次发射。

6.4　CDMA 方式

6.4.1　CDMA 系统原理

CDMA 系统为每个用户分配了各自特定的地址码，利用公共信道来传输信息。CDMA 系统的地址码相互正交，用于区别不同地址，而在频率、时间和空间上都可能重叠。系统的接收端必须有完全一致的本地地址码，用来对接收信号进行相关检测。其他使用不同码型的信号因为和接收机本地产生的码型不同而不能被解调。它们的存在类似于在信道中引入了噪声或干扰，通常称之为多址干扰(MAI)。

在 CDMA 蜂窝系统中，用户之间的信息传输也是由基站进行转发和控制的。为了实现双工通信，正向传输和反向传输各使用一个频率，即通常所谓的频分双工。无论是正向传输还是反向传输，除了传输业务信息外，还必须传送相应的控制信息。为了传送不同的信息，需要设置相应的信道。但是，CDMA 蜂窝系统既不分频道又不分时隙，无论传送何种信息的信道都需要采用不同的码型来区分。图 6 - 6 是 CDMA 系统的工作原理示意图。

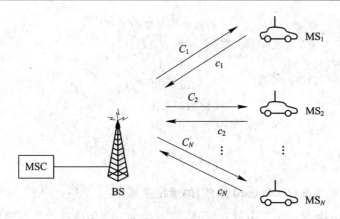

图 6-6　CDMA 系统的工作原理示意图

由此可知，地址码在 CDMA 系统中的重要性。地址码直接影响 CDMA 系统的性能。为提高抗干扰能力，地址码要用伪随机码又称为伪随机（Pseudo-Noise）序列。在第 4 章介绍扩频调制技术时，已讲过对 PN 码的三个要求，并介绍了它们的重要性。下面将详细介绍 Walsh 序列和 m 序列的产生和性质等。

6.4.2　正交 Walsh 函数

Walsh 函数有着良好的互相关特性和较好的自相关特性。

1. Walsh 函数波形

Walsh（沃尔什）函数是一种非正弦的完备函数系，其连续波形如图 6-7 所示，对应的二进制码元见式（4-2）。它仅有两个可能的取值：+1 或 -1，所以比较适合用来表示和处理数字信号。利用 Walsh 函数的正交性可获得 CDMA 的地址码。若对图中的 Walsh 函数波形在 8 个等间隔上取样，即得到离散 Walsh 函数，可用 8×8 的 Walsh 函数矩阵表示。采用负逻辑，即"0"用"+1"表示，"1"用"-1"表示，从上往下排列。

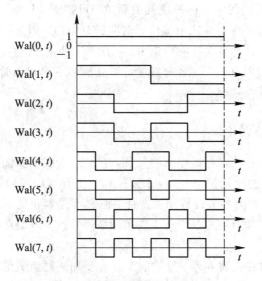

图 6-7　Walsh 函数的连续波形

$$\begin{bmatrix} 00 & 00 & 00 & 00 \\ 00 & 00 & 11 & 11 \\ 00 & 11 & 11 & 00 \\ 00 & 11 & 00 & 11 \\ 01 & 10 & 01 & 10 \\ 01 & 10 & 10 & 01 \\ 01 & 01 & 10 & 10 \\ 01 & 01 & 01 & 01 \end{bmatrix} \qquad (6-2)$$

2. Walsh 函数矩阵(Hadamard 矩阵)的递推关系

　　Walsh 函数可用 Hadamard(哈达码)矩阵 H 表示,利用递推关系很容易构成 Walsh 函数序列族。哈达码矩阵 H 是由"1"和"0"元素构成的正交方阵。在哈达码矩阵中,任意两行(列)都是正交的。这样,当把哈达码矩阵中的每一行(列)看作是一个函数时,则任意两行(列)也都是正交的,即互相关函数为零。因此,将 M 阶哈达码矩阵中的每一行定义为一个 Walsh 序列(又称 Walsh 码或 Walsh 函数)时,就能得到 M 个 Walsh 序列。哈达码矩阵有如下递推关系:

$$H_0 = (0) \qquad H_2 = \begin{pmatrix} 0 & 0 \\ 0 & 1 \end{pmatrix}$$

$$H_4 = H_{2 \times 2} = \begin{pmatrix} H_2 & H_2 \\ H_2 & \bar{H}_2 \end{pmatrix} = \begin{bmatrix} 0 & 0 & 0 & 0 \\ 0 & 1 & 0 & 1 \\ 0 & 0 & 1 & 1 \\ 0 & 1 & 1 & 0 \end{bmatrix} \qquad (6-3)$$

$$H_8 = \begin{pmatrix} H_4 & H_4 \\ H_4 & \bar{H}_4 \end{pmatrix} \cdots H_{2M} = \begin{pmatrix} H_M & H_M \\ H_M & \bar{H}_M \end{pmatrix}$$

式中,M 取 2 的幂;$\bar{H}_M$ 是 H_M 的补。

　　例如,当 $M=64$ 时,利用上述的递推关系,就可得到 64×64 的 Walsh 序列(函数)。这些序列在 IS-95 CDMA 蜂窝系统中被作为前向码分信道。因为是正交码,可供码分的信道数等于正交码长,即 64 个。在反向信道中,利用 Walsh 序列的良好互相关特性,64 位的正交 Walsh 序列用作编码调制。读者有兴趣可以分析一下 Walsh 序列的自相关特性。

6.4.3　m 序列伪随机码

1. m 序列的生成

　　m 序列是最长线性移位寄存器序列的简称,它是由带线性反馈的移位寄存器产生的周期最长的一种序列。它的周期是 $P = 2n - 1$(n 是移位寄存器的级数)。m 序列是一个伪随机序列,具有与随机噪声类似的尖锐自相关特性,但它不是真正随机的,而是按一定的规律周期性变化。由于 m 序列具有容易产生、规律性强等特性,因而在扩频通信和CDMA系统中得到了广泛的应用。

　　m 序列发生器是由移位寄存器、反馈抽头及模 2 加法器组成的。产生 m 序列的移位寄存器的网络结构不是随意的,必须满足一定的条件。图 6-8 是一个由三级移位寄存器构成的 m 序列发生器。

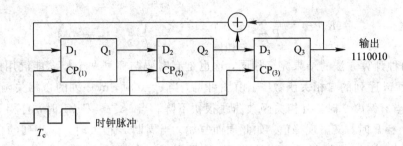

图 6-8　m 序列发生器

2. m 序列的特性

m 序列有许多优良的特性，但我们主要关心的是它的随机性和相关性。

1) m 序列的随机性

(1) m 序列一个周期内"1"和"0"的码元数大致相等（"1"比"0"只多一个）。这个特性保证了在扩频系统中，用 m 序列作平衡调制实现扩展频谱时有较高的载波抑制度。

(2) m 序列中连续为"1"或"0"的那些元素称为游程。在一个游程中元素的个数称为游程长度。一个周期（$P=2^n-1$）内，长度为 1 的游程占总游程数的 1/2；长度为 2 的游程占 1/4；长度为 3 的游程占 1/8；这样，长度为 $k(1 \leqslant k \leqslant n-1)$ 的游程占总游程数的 $1/2^k$。在长度为 $k(1 \leqslant k \leqslant n-2)$ 的游程中，连"1"的游程和"0"的游程各占一半，而且只有一个包含 $n-1$ 个"0"的游程，也只有一个包含 n 个"1"的游程。

(3) m 序列和其移位后的序列逐位模 2 加，所得的序列仍是 m 序列，只是相位不同。

(4) m 序列发生器中的移位寄存器的各种状态，除全 0 外，其他状态在一个周期内只出现一次。

2) m 序列的自相关性

对于一个周期为 $P=2^n-1$ 的 m 序列 $\{a_n\}$（a_n 取值 1 或 0），m 序列的自相关函数如下所述：

设 m 序列 $\{a_n\}$ 与后移 τ 位的序列 $\{a_{n+\tau}\}$ 逐位模 2 加所得的序列 $\{a_n+a_{n+\tau}\}$ 中，"0"的位数为 A（序列 $\{a_n\}$ 和 $\{a_{n+\tau}\}$ 相同的位数），"1"的位数为 D（序列 $\{a_n\}$ 和 $\{a_{n+\tau}\}$ 不相同的位数），则自相关函数由下式计算：

$$R_a(\tau) = \frac{A-D}{A+D} \tag{6-4}$$

显然，$A+D=P$。

可以推得 m 序列的自相关函数为

$$R_a(\tau) = \begin{cases} 1 & \tau=0 \\ -\dfrac{1}{P} & \tau \neq 0 \end{cases} \tag{6-5}$$

有时 PN（伪随机）码的码元用 1 和 −1 表示，与 0 和 1 表示法的对应关系是"0"变成"1"，"1"变成"−1"，即 m 序列 $\{a_n\}$ 的取值是 −1 或 1，此时 m 序列可用函数波形表示，其自相关函数可由下式计算：

$$R_a(\tau) = \frac{1}{P}\sum_{n=1}^{P} a_n \times a_{n+\tau} = \begin{cases} 1 & \tau = 0 \\ -\dfrac{1}{P} & \tau \neq 0 \end{cases} \qquad (6-6)$$

上述两种计算方法的结果完全相同，这也是有时码与序列两个概念能混用的原因。图 6-9 所示为 m 序列的自相关函数图。由图可见，当 $\tau = 0$ 时，m 序列的自相关函数 $R_a(\tau)$ 出现峰值 1；当 r 偏离 0 时，自相关函数曲线很快下降；当 $1 \leqslant \tau \leqslant P-1$ 时，自相关函数值为 $-1/P$；当 $\tau = P$ 时，又出现峰值，如此周而复始。当周期 P 很大时，m 序列的自相关函数与白噪声类似。这一特性很重要，相关检测就是利用这一特性，在"有"或"无"信号相关函数值的基础上识别信号，检测自相关函数值为 1 的码序列。

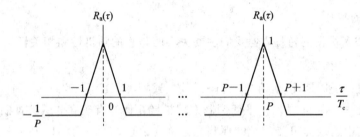

图 6-9　m 序列自相关函数

图 6-8 所示电路产生的 m 序列的自相关特性如表 6-1 所示。

表 6-1　基准序列：1110010

移位数	序列	一致码元数 A	不一致码元数 D	$A-D$
1	0111001	3	4	-1
2	1011100	3	4	-1
3	0101110	3	4	-1
4	0010111	3	4	-1
5	1001011	3	4	-1
6	110101	3	4	-1
0	1110010	7	0	7

3）m 序列的互相关性

m 序列的互相关性是指相同周期 $P = 2^n - 1$ 的两个不同 m 序列 $\{a_n\}$、$\{b_n\}$ 一致性的程度。其互相关值越接近于 0，说明这两个 m 序列差别越大，即互相关性越弱；反之，说明这两个 m 序列差别较小，即互相关性较强。当 m 序列用作 CDMA 系统的地址码时，必须选择互相关值很小的 m 序列组，以避免用户之间的相互干扰，减小多址干扰（MAI）。

对于两个周期 $P = 2^n - 1$ 的 m 序列 $\{a_n\}$ 和 $\{b_n\}$（a_n、b_n 取值 1 或 0），其互相关函数（也称

互相关系数)描述如下：

设 m 序列 $\{a_n\}$ 与后移 τ 位的序列 $\{b_{n+\tau}\}$ 逐位模 2 加所得的序列 $\{a_n+b_{n+\tau}\}$ 中，"0"的位数为 A(序列 $\{a_n\}$ 和 $\{b_{n+\tau}\}$ 相同的位数)，"1"的位数为 D(序列 $\{a_n\}$ 和 $\{b_{n+\tau}\}$ 不相同的位数)，则互相关函数可由下式计算：

$$R_c(\tau)=\frac{A-D}{A+D} \tag{6-7}$$

显然，$A+D=P$。

如前所述，如果伪随机码的码元用 1 和 -1 表示，此时这两个 m 序列的互相关函数可由下式计算：

$$R_c(\tau)=\frac{1}{P}\sum_{n=1}^{P}a_n\times b_{n+\tau} \tag{6-8}$$

同一周期 $P=2^n-1$ 的 m 序列组，其两个 m 序列对的互相关特性差别很大，有的 m 序列对的互相关特性好，有的则较差，不能实际使用。但是一般来说，随着周期的增加，其归一化的互相关值的最大值会递减。通常在实际应用中，只关心互相关特性较好的 m 序列对的特性。

对于周期为 $P=2^n-1$ 的 m 序列组，其最好的 m 序列对的互相关函数值只取三个，这三个值是

$$R_c(\tau)=\begin{cases}\dfrac{t(n)-2}{P}\\[2mm]-\dfrac{1}{P}\\[2mm]-\dfrac{t(n)}{P}\end{cases} \tag{6-9}$$

式中：$t(n)=1+2^{\left[\frac{n+2}{2}\right]}$，其中[ ]表示取实数的整数部分。这三个值被称为理想三值。满足这一特性的 m 序列对称为 m 序列优选对，它们可以用于实际工程。

在 CDMA 蜂窝系统中，可为每个基站分配一个 PN 序列(码)，以不同的 PN 序列来区分基站地址；也可只用一个 PN 序列，而用 PN 序列的相位来区分基站地址，即每个基站分配一个 PN 序列的初始相位。IS-95 CDMA 蜂窝系统就是采用给每个基站分配一个 PN 序列的初始相位的。它用周期为 $2^{15}=32768$ 个码片的 PN 序列，每 64 个码片为一种初始相位，共有 512 种初始相位，分配给 512 个基站。CDMA 蜂窝系统中，移动用户的识别需要采用周期足够长的 PN 序列，以满足对用户地址量的需求。在 IS-95 CDMA 蜂窝系统中采用的 PN 序列周期为 $2^{42}-1$，这是利用了 m 序列良好的自相关特性。

6.4.4 CDMA 系统的特点

CDMA 系统具有以下特点：

(1) CDMA 系统的许多用户共享同一频率。

(2) 通信容量较大。从理论上讲，信道容量完全由信道特性决定，但实际的系统很难达到理想的情况，因而不同的多址方式可能有不同的通信容量。CDMA 是自干扰系统，任何干扰的减少都直接转化为系统容量的提高。因此，一些能降低干扰功率的技术，如语音激活(Voice Activity)技术等，可以用于提高系统容量。

（3）软容量特性。TDMA 系统中同时可接入的用户数是固定的，无法再多接入任何一个用户；而 DS-CDMA（直扩 CDMA）系统中，多增加一个用户只会使通信质量略有下降，不会出现硬阻塞现象。

（4）减弱多径衰落由于信号被扩展在一个较宽的频谱上，因此可减弱多径衰落。如果频带宽度比信道的相关带宽大，那么固有的频率分集将具有减弱多径衰落的作用。

（5）信道数据速率很高。在 CDMA 系统中，码片时长通常比信道的时延扩展小得多。因为 PN 序列有很好的自相关性，所以大于一个码片宽度的时延扩展部分，可受到接收机的自然抑制；另一方面，如采用分集接收最大比合并技术，可获得最佳的抗多径衰落效果。而在 TDMA 系统中，为克服多径造成的码间干扰，需要用复杂的自适应均衡，均衡器的使用增加了接收机的复杂度，但同时影响了越区切换的平滑性。

（6）软切换和有效的宏分集。DS-CDMA 系统中所有小区使用相同的频率，这不仅简化了频率规划，也能完成越区切换。当移动台处于小区边缘时，同时有两个或两个以上的基站向该移动台发送相同的信号，移动台的分集接收机能同时接收合并这些信号，此时处于宏分集状态。当某一基站的信号强于当前基站信号且稳定后，移动台才切换到该基站的控制上去，这种切换可以在通信的过程中平滑完成，称为软切换。

（7）低信号功率谱密度。在 DS-CDMA 系统中，信号功率被扩展到比自身频带宽度宽得多的频带范围内，因而其功率谱密度大大降低。由此可得到两个方面的好处，其一，具有较强的抗窄带干扰能力；其二，对窄带系统的干扰很小，有可能与其他系统共用频段，使有限的频谱资源得到更充分的使用。

CDMA 系统存在着两个重要的问题，一个问题是非同步 CDMA 系统中不同用户的扩频序列不完全正交。这一点与 FDMA 和 TDMA 是不同的，FDMA 和 TDMA 具有合理的频率保护带或保护时间，接收信号近似保持正交性，而 CDMA 对这种正交性是不能保证的。这种扩频码集的非零互相关系数会引起各用户间的相互干扰，即多址干扰（MAI），在异步传输信道以及多径传播环境中多址干扰更加严重。

另一个问题是远近效应。许多移动用户共享同一信道就会发生严重的远近效应问题。由于移动用户所在位置处于动态的变化中，基站接收到的各用户信号功率可能相差很大，即使各用户到基站距离相等，深衰落的存在也会使到达基站的信号各不相同，强信号对弱信号有着明显的抑制作用，会使弱信号的接收性能很差甚至无法通信，这种现象被称为远近效应。由于许多用户共享频道和时隙，因此有用信号和干扰信号将会同时接入相关的信号带宽内，故远近效应特别严重。为了解决远近效应问题，在大多数 CDMA 系统中都使用功率控制。蜂窝系统中由基站来提供功率控制，以保证在基站覆盖区内的每一个用户给基站提供相同功率的信号。这就解决了由于一个邻近用户的信号过大而覆盖了远处用户信号的问题。基站的功率控制是通过快速抽样每一个移动终端的无线信号强度指示（Radio Signal Strength Indication，RSSI）来实现的。尽管在每一个小区内使用功率控制，但小区外的移动终端还是会产生不在接收基站控制内的干扰。

6.5　SDMA 方式

SDMA（空分多址）方式是通过空间的分割来区别不同用户的，它利用天线的方向性波束将小区划分成不同的子空间来实现空间的正交隔离。在移动通信中，采用自适应阵列天线是实现空间分割的基本技术，它可在不同用户方向上形成不同的波束。如图 6-10 所示，SDMA 使用不同的天线波束为不同区域的用户提供接入。相同的频率(在 CDMA 系统中)或不同的频率(在 FDMA 系统中)用来服务于被天线波束覆盖的这些不同区域。实际上，蜂窝系统中广泛使用的多扇区划分可看作是 SDMA 的一种雏形。在此基本概念的基础上，进一步演化出自适应阵列天线技术。在极限情况下，自适应阵列天线具有极小的波束和无限快的跟踪速度(类似于激光束)，它可以实现最佳的 SDMA。由于自适应天线(即智能天线)能迅速地引导能量沿用户方向发送，跟踪强信号，减小或消除干扰信号，进而降低信号的发射功率，减小不同用户之间的相互干扰，所以这种多址方式可以增加系统容量，同时处于同一波束覆盖范围的不同用户也容易通过与 FDMA、TDMA 和 CDMA 结合，从而进一步提高系统容量。

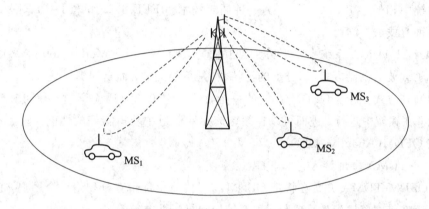

图 6-10　SDMA 系统的工作示意图

在蜂窝系统中，SDMA 反向链路的设计比较困难，主要原因有两个：第一，基站完全控制了在前向链路上所有发射信号的功率，但是由于每一用户和基站间无线传播路径的不同，从每一用户单元出来的发射功率动态控制困难。第二，发射受到用户单元电池能量的限制，因此也限制了反向链路上对功率的控制程度。

用在基站的自适应天线阵列可以解决反向链路的一些问题。不考虑无穷小波束宽度和无穷大快速搜索能力的限制，自适应阵列天线提供了最理想的 SDMA 方式，提供了在本小区内不受其他用户干扰的唯一信道。在 SDMA 系统中的所有用户，能够用同一信道在同一时间内进行双向通信。而且一个完善的自适应阵列天线系统应能够为每一个用户搜索其多个多径分量，并且以最理想的方式组合它们。由于完善的自适应阵列天线系统能收集从每一个用户发来的所有有效信号能量，因此它有效地克服了多径干扰和同频干扰。尽管上述理想情况是不可实现的，它需要无限多个阵元，但采用适当数目的阵元，也可以获得较大的系统增益。

6.6　OFDM 多址方式

OFDM 是一种调制技术，但它本身与传统的多址技术结合可以实现多用户 OFDM 系统，如 OFDM-TDMA、OFDMA 和多载波 CDMA 等。本节将介绍它们的基本原理。

6.6.1　OFDM-TDMA

在 OFDM-TDMA 系统中，信息的传送是按时域上的帧来进行的，每个时间帧包含多个时隙，每个时隙的宽度等于一个 OFDM 符号的时间长度，传送的信息按各自的需求可以占用一个或多个 OFDM 符号。每个用户在信息传送期间，将占用所有的系统带宽，即该用户的信息可以在 OFDM 的所有子载波上进行分配。OFDM 系统中的 TDMA 接入方式与在单载波系统中相似，OFDM 只是作为一种调制技术。IEEE 802.16 和 HIPERLAN-2 中都采用了这种方式。

在 OFDM-TDMA 系统中，可以使用自适应调制（Adaptive Modulation，AM）技术，也就是各个子载波的调制方式（即分配的比特数）是不相同的，而是根据子载波上的信噪比选择合适的调制方式。这是 OFDM 系统的一个优点，它说明自适应调制不仅可在时域中进行，而且可在频域中进行，进而可以在频率选择性信道中获得较好的性能。该技术一般称为自适应 OFDM（Adaptive OFDM）。

OFDM-TDMA 多址接入有如下特点：

（1）OFDM-TDMA 方案在特定 OFDM 符号内将全部带宽分配给一个用户，该方案不可避免地存在带宽资源浪费、频率利用率较低和灵活性差等不足。

（2）OFDM-TDMA 方案的信令开销很大程度上取决于是否采用滤除具有较低信噪比子载波的技术和自适应调制/编码技术。采用这些技术虽然可以改善性能，但也会增加信令开销。

6.6.2　OFDMA

正交频分多址接入（Orthogonal Frequency Division Multiple Access，OFDMA）通过为每个用户提供部分不同的子载波来实现多用户接入，也就是每个用户分配一个 OFDM 符号中的一个子载波或一组子载波，以子载波频率的不同来区分用户。这种多址方式概念上与 FDMA 一样，但与传统 FDMA 的不同之处在于，OFDMA 方法不需要在各个用户频率之间采用保护频段去区分不同的用户，大大提高了系统的频率利用率，同时，基站通过调整子载波，可以根据用户的不同需求传输不同的速率。OFDMA 有时候也被称为 OFDM-FDMA。

给用户分配子载波的方式很多，使用最广泛的有两种：分组子载波和间隔扩展子载波。分组子载波是最简单的一种分配方式，每个用户分配一组相邻的子载波；而间隔扩展子载波分配方式中，每个用户分配到的子载波是间隔的，也就是使用户所使用的子载波扩展到整个系统带宽。图 6-11 给出了这两种方式的示意图。

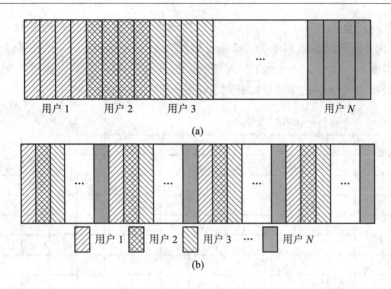

图 6 - 11　OFDMA 子载波分配方式

(a) 分组子载波方式；(b) 间隔扩展子载波方式

　　这两种方法各有优缺点，分组子载波方法比较简单，用户间干扰较小，但是受信道衰落的影响比较大；间隔扩展子载波方法则正好相反，通过频域扩展，增加频率分集，从而减少了信道衰落的影响。IEEE 802.16 的 OFDMA 模式中采用了间隔扩展子载波分配方式，但其用户间干扰影响比较大，对同步的要求比较高。

　　图 6 - 12 给出了一种分组子载波方式的 OFDMA 帧结构，其中包括 7 个用户，分别用 a、b、c、d、e、f 和 g 来表示，每个用户使用特定的部分子载波，而且各个用户所使用的子载波是不同的。实际上，在这个例子中混合使用了 OFDMA 和 TDMA 两种接入方案，每个用户只利用 4 个时隙中的 1 个时隙进行传输。换句话说，每个时隙中可包括一个或者多个 OFDM 符号。

		OFDM 符号							
a		d	a	d	a	d	a	d
a		d	a	d	a	d	a	d
a	c	e	a	c	e	a	c	e	a	c
a	c	e	a	c	e	a	c	e	a	c
b		e	g	b	e	g	b	e	g	b	e	g
b		e	g	b	e	g	b	e	g	b	e	g
b		f	g	b	f	g	b	f	g	b	f	g
b		f	g	b	f	g	b	f	g	b	f	g

图 6 - 12　固定分配子载波的 OFDMA 帧结构

　　上面给出的 OFDMA 接入方式中，每个用户所分配的子载波是固定的。考虑到无线时变衰落环境，可进一步引入慢跳频技术，即在每个 OFDM 符号（或时隙）中，根据跳频图样来选择每个用户所使用的子载波频率，这种多址方式通常被称为 FH-OFDMA。图 6 - 13

给出了一个跳频图案的例子。图中，每个用户使用不同的跳频图样进行跳频，这样就可以把 OFDMA 系统变化成为跳频系统，从而可以利用跳频的优点为 OFDM 系统带来干扰减少以及频率分集的好处。与直扩 CDMA 相比，跳频 OFDMA 的最大优势在于通过为小区内的多用户设计正交跳频图案，可以相对容易地消除小区内的干扰。

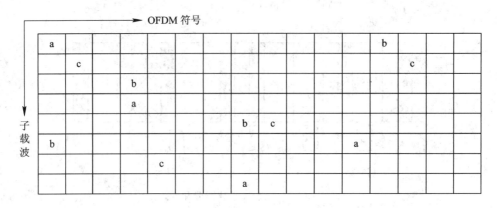

图 6-13　FH-OFDMA 系统跳频图案

　　进一步，在 FH-OFMDA 的基础上，如果发送端知道每个用户的信道响应信息，就可以为每个用户分配信噪比高的子载波。因为小区中的每个用户所经历的无线信道是不同的，对某个用户来说是最好的子载波，对其他用户很有可能不是最好的。这样，大部分的用户可以分配到较好的子载波，从而获得多用户分集或位置分集。这种方法被称为自适应子载波分配（Adaptive Subcarrier Allocation，ASA）或自适应跳频（Adaptive Frequency Hopping，AFH）。

　　OFDMA 是一种灵活的多址方式，它具有以下特点：

　　(1) OFDMA 系统可以不受小区内的干扰。这可以通过为小区内的多用户设计正交跳频图案来实现。

　　(2) OFDMA 可以灵活地适应带宽的要求。它通过简单地改变所使用的子载波数目就可以适应特定的传输带宽。

　　(3) 当提高用户的传输速率时，直扩 CDMA 的扩频增益有所降低，这样就会损失扩频系统的优势，而 OFDMA 可与动态信道分配技术相结合，以支持高速率的数据传输。

　　目前 OFDMA 多址方式已作为 4G 系统下行链路的多址方式。不过，受制于移动台发射信号的峰均功率比，4G 系统的上行链路仍采用 FDMA 多址方式。

6.7　随机多址方式

　　前面所述的多址方式是基于物理层的。近年来，随着无线数据通信的发展，一种基于网络层网络协议的分组数据随机多址方式日显重要。例如，在分组无线电系统中，任一发送用户的分组在共用信道上发射，使用自由竞争规则随机接入信道，接收方收到后发送确认信息，进而实现用户之间的连接。这种以自由竞争方式，采用网络协议形式实现的多址方式称为随机多址。

6.7.1　ALOHA 协议和时隙 ALOHA

　　ALOHA 协议是一种最简单的数据分组传输协议。任何一个用户一旦有数据分组要发送，就立刻接入信道进行发送。发送结束后，在相同的信道上或一个单独的反馈信道上等待应答。如果在一个给定的时间内没有收到对方的认可应答，则重发数据分组。由于在同一信道上，多个用户独立随机地发送分组，就会出现多个分组发生碰撞的情形，碰撞的分组经过随机时延后会重新传送。ALOHA 协议示意图如图 6 - 14(a)所示。从图中可以看出，要使当前分组传输成功，必须在当前分组到达时刻的前后各一个分组长度内没有其他用户的分组到达，即要保证到达的分组既没有整体碰撞，也没有部分碰撞，所以易损区间为分组长度的 2 倍。

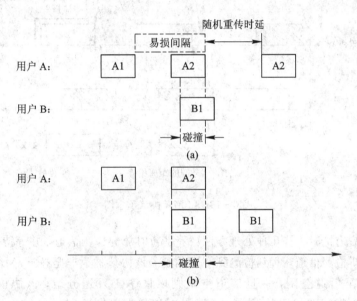

图 6 - 14　ALOHA 和时隙 ALOHA 协议示意图

(a) ALOHA 协议；(b) ALOHA 协议

　　对于随机多址协议而言，其主要性能指标有两个：一是吞吐量(S)(指单位时间内平均成功传输的分组数)；二是每个分组的平均时延(D)。

　　假定分组的长度固定，信道传输速率恒定，到达信道的分组服从 Poisson 分布的情况，则 ALOHA 协议的最大吞吐量$S_{max} = 1/(2e) = 0.1839$。

　　为了改进 ALOHA 的性能，将时间轴分成时隙，时隙大小大于或等于一个分组的长度。所有用户都同步在时隙开始时刻进行发送。该协议就称为时隙 ALOHA 协议，如图 6 - 14(b)所示。时隙 ALOHA 与 ALOHA 协议相比，避免了部分碰撞，将易损区间从分组长度的 2 倍减少到一个时隙，从而提高了系统的吞吐量。在到达分组服从 Poisson 分布的情况下，时隙 ALOHA 的最大吞吐量$S_{max} = 1/e = 0.3679$。

6.7.2　载波侦听多址(CSMA)

　　在 ALOHA 协议中，各节点发送之前未考虑信道状态。为了提高信道的吞吐量，减少碰撞概率，在 CSMA 协议中，每个节点在发送前首先要侦听信道上是否有分组在传输。若信道空闲（没有检测到载波），才可以发送；若信道忙，则按照设定的准则推迟发送。

在 CSMA 协议中，影响系统的两个主要参数是检测时延和传播时延。检测时延是指接收机判断信道空闲与否所需的时间。假定检测时延和传播时延之和为 τ，如果某节点在 t 时刻开始发送一个分组，则在 $t+\tau$ 时刻以后所有节点都会检测到信道忙。因此只要在 $[t, t+\tau]$ 内没有其他用户发送，则该节点发送的分组将会成功传输，如图 6-15 所示。

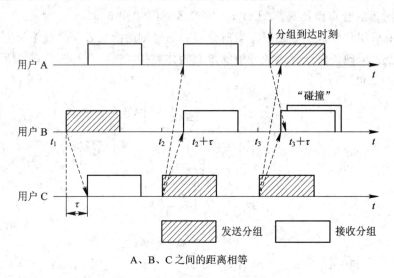

图 6-15　CSMA 协议示意图

当检测到信道忙时，有几种处理办法：一是暂时放弃检测信道，并等待一个随机时延，在新的时刻重新检测信道，直到检测到空闲信道，该协议称为非坚持 CSMA；二是坚持继续检测信道直至信道空闲，一旦信道空闲则以概率 1 发送分组，该协议称为 1-坚持 CSMA；三是继续检测信道直至信道空闲，此时以概率 p 发送分组，以 $1-p$ 推迟发送，该协议称为 p-坚持 CSMA。

6.7.3　预约随机多址

预约随机多址通常基于时分复用，即将时间轴分为重复的帧，每一帧分为若干时隙。当某用户有分组要发送时，可采用 ALOHA 的方式在空闲时隙上进行预约。如果预约成功，它将无碰撞地占用每一帧所预约的时隙，直至所有分组传输完毕。用于预约的时隙可以是一帧中固定的时隙，也可以是不固定的。预约时隙的大小可与信息传输时隙相同，也可以将一个时隙再分为若干个小时隙，每个小时隙供一个用户发送预约分组。

一个典型的预约随机多址协议称为分组预约多址（PRMA），它是对 TDMA 的改进。PRMA 在 TDMA 的帧结构基础上，为每一个语音突发（或有声期）在 TDMA 帧中预约一个时隙（不像 TDMA 那样，一路语音固定占用一个时隙，而不管该话路是否有语音要传送）。预约的方法是当一个语音突发到达时，该节点在一帧中寻找空闲时隙，并在空闲时隙上发送该突发的第一个分组，如果传输成功，则它就预约了后续帧中对应的时隙，直至该突发传输结束。

6.8　FDMA、TDMA 与 CDMA 系统容量的比较

频谱是一种十分宝贵的资源，而能分配给公用移动通信系统使用的频谱更是非常有限，因此，涉及多址方式争议的焦点之一是采用何种多址技术才能最大化频谱利用率，换句话说就是如何最大化系统容量。

系统容量可用系统容纳的用户总数、系统最大容纳的信道数或系统输入话务总量来表征。它与信道的载频间隔、每载频的时隙数、频率资源和频率复用方式、基站设置方式等有关。由于系统用户的最大数目和输入话务总量与无线容量 m_c 成正比，所以系统容量通常可用 m_c 来表示。对于蜂窝系统，m_c 可用每个小区的信道数表示。在比较不同多址方式蜂窝系统容量时，我们以给定总频带宽度内，在保证通信质量情况下每个小区的信道数来进行分析。蜂窝系统的无线容量可定义为

$$m_c = \frac{B_t}{B_c N_{cluster}} \tag{6-10}$$

式中：m_c 是无线容量大小；B_t 是分配给系统的总频谱宽度；B_c 是信道带宽；$N_{cluster}$ 是区群中的小区数。

6.8.1　FDMA 和 TDMA 蜂窝系统的容量

对于模拟 FDMA 系统来说，如果采用频率复用的小区数为 $N_{cluster}$，根据对同频干扰和系统容量的讨论可知，对于小区制蜂窝网

$$N_{cluster} = \sqrt{\frac{2}{3} \times \frac{C}{I}} \tag{6-11}$$

式中：C 是载波信号功率；I 是干扰信号功率。由此可求得 FDMA 的无线容量如下：

$$m_c = \frac{B_t}{B_c \sqrt{\frac{2}{3} \times \frac{C}{I}}} \tag{6-12}$$

对于数字 TDMA 系统来说，由于数字信道所要求的载干比可以比模拟制的小 4～5 倍（因数字系统有纠错措施），因而频率复用距离可以再近一些。所以可以采用比 7 小的区群，例如一个区群内含 3 个小区的区群，则可求得 TDMA 的无线容量如下：

$$m_c = \frac{B_t}{B'_c \sqrt{\frac{2}{3} \times \frac{C}{I}}} \tag{6-13}$$

式中：B'_c 为等效带宽。若设载波间隔为 B_c，每载波共有 K 个时隙，则等效带宽为

$$B'_c = \frac{B_c}{K}$$

6.8.2　CDMA 蜂窝系统的容量

CDMA 系统的容量是干扰受限的，而 FDMA 和 TDMA 系统的容量是带宽受限的。因此，干扰的减少将导致 CDMA 容量的增加。这使得 CDMA 系统容量的计算比模拟 FDMA

系统和数字 TDMA 系统要复杂得多。

决定 CDMA 蜂窝系统容量的主要参数是：处理增益、E_b/N_0、语音负载周期、频率复用效率以及基站天线扇区数。

不考虑蜂窝系统的特点，只考虑一般扩频通信系统，接收信号的载干比可以写成

$$\frac{C}{I}=\frac{R_b E_b}{N_0 W}=\frac{E_b/N_0}{W/R_b} \tag{6-14}$$

式中：E_b 是信息的比特能量；R_b 是信息的比特速率；N_0 是干扰的功率谱密度；W 是总频段宽度（即 CDMA 信号所占的频谱宽度）；E_b/N_0 类似于通常所谓的归一化信噪比，其取值决定于系统对误比特率或语音质量的要求，并与系统的调制方式和编码方案有关；W/R_b 是系统的处理增益。

若 m_c 个用户共用一个无线信道，显然每一用户的信号都会受到其他 m_c-1 个用户信号的干扰。假设到达一个接收机的信号强度和各干扰强度都相等，则载干比为

$$\frac{C}{I}=\frac{1}{m_c-1} \tag{6-15}$$

或

$$m_c-1=1+\frac{W/R_b}{E_b/N_0}$$

即

$$m_c=1+\frac{W/R_b}{E_b/N_0} \tag{6-16}$$

式（6-16）没有考虑在扩频带宽中的背景热噪声 η。如果考虑 η，则能够接入此系统的用户数可表示为

$$m_c=1+\frac{W/R_b}{E_b/N_0}-\frac{\eta}{C} \tag{6-17}$$

式（6-17）表明，在比特率一定的条件下，降低热噪声功率，减小归一化信噪比，增大系统的处理增益都将有利于提高系统的容量。

注意，式（6-17）是在所谓到达接收机的信号强度和各个干扰强度都一样的情况下得到的，这意味着系统必须进行理想的功率控制。其次，式（6-17）应根据 CDMA 蜂窝通信系统的特点进行修正。

1. 采用语音激活技术提高系统容量

在典型的全双工通话中，每次通话中语音存在时间小于 35%，亦即语音的激活期（占空比）d 通常小于 35%。如果在语音停顿时停止信号发射，对 CDMA 系统而言，直接减少了对其他用户的干扰，即其他用户受到的干扰会相应地平均减少 65%，从而使系统容量提高到原来的 $1/d=2.86$ 倍。为此，CDMA 系统的容量公式被修正为

$$m_c=1+\left(\frac{W/R_b}{E_b/N_0}-\frac{\eta}{C}\right)\frac{1}{d} \tag{6-18}$$

当用户数量庞大并且系统是干扰受限而不是噪声受限时，用户数可表示为

$$m_c=1+\left(\frac{W/R_b}{E_b/N_0}\right)\frac{1}{d} \tag{6-19}$$

2. 利用扇区划分提高系统容量

CDMA 小区扇区化有很好的容量扩充作用。利用 120° 扇形覆盖的定向天线把一个蜂窝小区划分成 3 个扇区时，处于每个扇区中的移动用户是该蜂窝的 1/3，相应的各用户之间的多址干扰分量也就减少为原来的 1/3，从而系统的容量将增加约 3 倍(实际上，由于相邻天线覆盖区之间有重叠，一般能提高到 G＝2.55 倍左右)。为此，CDMA 系统的容量公式又被修正为

$$m_c = \left[1 + \left(\frac{W/R_b}{E_b/N_0}\right)\frac{1}{d}\right] \cdot G \qquad (6-20)$$

式中，G 为扇区分区系数。

【例 6-4】　如果 W＝1.25 MHz，R＝9600 b/s，最小可接受的 E_b/N_0 为 10 dB，求出分别使用(1)和(2)两种技术在一个单小区 CDMA 系统中，所能支持的最大用户数(假设系统是干扰受限的)。

(1) 全向基站天线和没有语音激活检测。

(2) 在基站有 3 个扇区和 d＝1/2 的语音激活检测。

解：(1) 根据 $m_c = 1 + \dfrac{W/R_b}{E_b/N_0}$ 有

$$m_c = 1 + \frac{1.25 \times 10^6/9600}{10} = 1 + 13 = 14$$

(2) 根据式(6-19)每一扇区的用户数为

$$m_s = 1 + \left(\frac{1.25 \times 10^6/9600}{10}\right)\frac{1}{0.5} = 1 + 26 = 27$$

因为在每一小区内同时存在 3 个扇区，所以总用户数为 $3\,m_s$，$m_c = 3 \times 27 = 81$ 信道/小区。

3. 频率复用

在 CDMA 系统中，所有用户共享一个无线频率，即若干个小区内的基站和移动台都工作在相同的频率上。因此任一小区的移动台都会受到相邻小区基站的干扰，任一小区的基站也会受到相邻小区移动台的干扰。这些干扰必然会影响系统的容量。其中任一小区的移动台对相邻小区基站(反向信道)的总干扰量和任一小区的基站对相邻小区移动台(正向信道)的总干扰量是不同的，对系统容量的影响也有较大差别。对于反向信道，因为相邻小区基站中的移动台功率受控而不断被调整，对被干扰小区基站的干扰不易计算，只能从概率上计算出平均值的下限。然而理论分析表明，假设各小区的用户数为 m_c，m_c 个用户同时发射信号，正向信道和反向信道的干扰总量对容量的影响大致相等。因而在考虑邻近蜂窝小区的干扰对系统容量影响时，一般按正向信道计算。

对于正向信道，在一个蜂窝小区内，基站不断地向移动台发送信号，移动台在接收它自己所需的信号时，也接收到基站发送给其他移动台的信号，而这些信号对它所需的信号会形成干扰。当系统采用正向功率控制技术时，由于路径传播损耗的原因，位于靠近基站的移动台受到本小区基站发射的信号干扰比距离远的移动台要大，但受到相邻小区基站的干扰较小；位于小区边缘的移动台，受到本小区基站发射的信号干扰比距离近的移动台要小，但受到相邻小区基站的干扰较大。移动台最不利的位置是处于 3 个小区交界的地方，如图 6-16 中的移动台所在点。

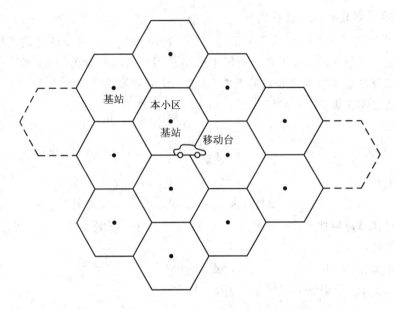

图 6 - 16   CDMA 系统移动台受干扰示意图

假设各小区中同时通信的用户数是 m_c，即各小区的基站同时向 m_c 个用户发送信号，理论分析表明，在采用功率控制时，每小区同时通信的用户数将下降到原来的 60%，即信道复用效率 $F=0.6$，也就是系统容量下降到没有考虑邻区干扰时的 60%。此时，CDMA 系统的容量公式再次被修正为

$$m_c = \left[1 + \left(\frac{W/R_b}{E_b/N_0}\right)\frac{1}{d}\right] \cdot G \cdot F \qquad (6-21)$$

6.8.3   三种多址系统容量的比较

在给定的一个窄带码分系统的频谱带宽(1.25 MHz)内，将 CDMA 与 FDMA、TDMA 系统容量进行比较，结果如下：

1. 模拟 TACS 系统，采用 FDMA 方式

设分配给系统的总频宽 $B_t = 1.25$ MHz，频率复用的小区数为 7，则系统容量

$$m_c = \frac{1.25 \times 10^3}{25 \times 7} = \frac{50}{7} \approx 7.1$$

2. 数字时分 GSM 系统，采用 TDMA 方式

设分配给系统的总频宽 $B_t = 1.25$ MHz，载频 $B_c = 200$ kHz，每载频时隙数为 8，频率复用的小区数为 4，则系统容量

$$m_c = \frac{1.25 \times 10^3 \times 8}{200 \times 4} = \frac{10 \times 10^3}{800} \approx 12.5$$

3. 数字 CDMA 系统

设分配给系统的总带宽 $B_t = 1.25$ MHz，语音编码速率 $R_b = 9.6$ b/s，语音占空比 $d = 0.35$，扇形分区系数 $G = 2.55$，信道复用效率 $F = 0.6$，归一化信噪比 $E_b/N_0 = 7$ dB，则系

统容量

$$m_c = \left[1 + \left(\frac{\dfrac{1.25 \times 10^3}{9.6}}{10^{0.7}}\right) \times \frac{1}{0.35}\right] 2.55 \times 0.6 \approx 115$$

三种体制系统容量的比较结果为

$$m_{\text{CDMA}} \approx 16 m_{\text{TACS}} \approx 9 m_{\text{GSM}}$$

　　由上式可以看出，在总频带宽度为 1.25 MHz 时，CDMA 蜂窝系统的容量约是模拟频分 TACS 系统容量的 16 倍，约是数字时分 GSM 系统容量的 9 倍。需要说明的是，以上比较结果中的 CDMA 系统容量是理论值，即是在假设 CDMA 系统的功率控制是理想的条件下得出的，这在实际应用中显然是做不到的。为此，实际的 CDMA 系统的容量比理论值有所下降，其下降多少将随着其功率控制精度的高低而变化。另外，CDMA 系统容量的计算与某些参数的选取有关，不同的参数值得出的系统容量也有所不同。当前比较普遍的看法是，CDMA 蜂窝系统的容量是模拟 FDMA 系统的 8～10 倍。

第7章　第二代移动通信系统

第一代蜂窝移动通信网也称为模拟蜂窝网，基于数字移动通信第二代移动通信系统是第二代移动通信系统。本章将重点介绍第二代移动通信的主要通信系统——全球移动通信系统（Global System for Mobile Communications，GSM）的特点、网络结构、网络接口和主要业务。

7.1　GSM 系统概述

全球移动通信系统是第二代移动通信的主要代表，自 20 世纪 90 年代开始在全世界 100 多个国家投入使用。

GSM 系统是基于数字蜂窝的移动通信系统，采用多信道共用和频率复用技术，有着较高的频谱利用率，系统功能完善；具有越区切换、漫游等功能，可以提供综合业务数字网（Integrated Services Digital Network，ISDN）业务；其所用的手机体积较小，续航时间较长；另外，其系统扩容较简便，保密性和安全性较好，与固定电话网络可以直接连接，兼具市话、长途电话、国际长途、短信息收发等多项功能，计费功能齐全。

GSM 系统的设计原则主要是：语音和信令都采用数字信号传输，数字语音的传输速率为 16 kb/s 或更低，采用时分多址（Time Division Multiple Access，TDMA）接入方式，采用规则脉冲激励-长期线性预测编码（Regular Pulse Excite Linear Prediction Coding with Long Term Prediction，RPE-LTP）、高斯滤波最小移频键控（Gaussian Filtered Minimum Shift Keying，GMSK）调制方式等技术。

GSM 系统的主要技术参数如下：

基站发射频段、移动台接收频段：935～960 MHz；

基站接收频段、移动台发射频段：890～915 MHz；

频带宽度：25 MHz；

通信方式：全双工；

载频间隔：200 kHz；

信道分配：每载频 8 时隙，全速信道 8 个，半速信道 16 个（TDMA）；

信道总速率：270.8 kb/s；

调制方式：GMSK，BT=0.3；

话音编码：13 kb/s，规则脉冲激励-长期线性预测编码（RPE-LTP）；

数据速率：9.6 kb/s；

抗干扰技术：跳频技术（217 跳/s），分集接收技术，交织信道编码，自适应均衡技术。

7.2 GSM 系统的特点和网络结构

7.2.1 GSM 系统的特点

GSM 系统的主要特点如下：

(1) 具有漫游功能。GSM 系统的移动台具有漫游功能，可以实现国际漫游。

(2) 提供多种业务。GSM 系统可以提供话音业务、承载业务、ISDN 相关业务、双工异步数据、双工同步数据、分组数据、可视图文等多种业务。

(3) 保密能力和抗干扰能力较强。GSM 系统可以对移动台识别码加密，使未获得许可的监听者无法获得移动台用户位置信息。GSM 系统可以对话音和信令数据加密，保证通话信息不会被窃听者获取。

(4) 具有越区切换功能。GSM 系统基于数字蜂窝技术，采取主动参与越区切换的策略。GSM 系统的移动台在通话期间，不断地与所在工作区域的基站进行通信，上传本区域和相邻区域通信网络环境数据。当移动台要跨越工作区域时，主动向所在工作区域的基站发出越区切换请求，移动业务交换中心和基站接到请求后，查找相邻区域的基站是否存在空闲信道，以接收越区切换。当选中空闲信道后，移动台就切换到该信道上继续通信。

(5) 系统容量较大，语音通话质量较好。

(6) 系统扩容潜力大，组网方便灵活。

7.2.2 GSM 系统的网络结构

GSM 系统包括基站子系统、网络子系统和操作支持子系统，同时大量用户使用移动台作为终端设备接入移动通信网络。GSM 系统的网络结构如图 7-1 所示，图中 OSS (Operation Support Systems)表示操作子系统，BSS(Base Station Subsystem)表示基站子系统，NSS(Network Security Services)表示网络子系统，NMC (Network Manage Center)表示网络管理中心，DPPS(Data Post Processing System)表示数据库处理系统，SEMC (Security Management Center)表示安全性管理中心，PCS(Personalization Center System)表示用户识别卡个人化中心，OMC(Operation and Maintenance Center)表示操作维护中心，MSC(Mobile Service Switching Center)表示移动业务交换中心，VLR(Visitor Location Register)表示访问位置寄存器，HLR(Home Location Register)表示归属位置寄存器，AuC(Authentication Center)表示鉴权中心，EIR(Equipment Identity Register)表示移动设备识别寄存器，BSC(Base Station Controller)表示基站控制器，BTS(Base Transceiver Station)表示基站收发信台，PDN(Public Data Network)表示公用数据网，PSTN(Public Switched Telephone Network)表示公用电话交换网，ISDN(Integrated Services Digital Network)表示综合业务数字网，MS(Mobile Station)表示移动台。

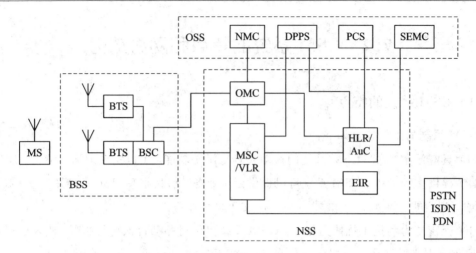

图 7-1　GSM 系统的网络结构示意图

GSM 系统技术规范规定：基站子系统在移动台和网络子系统之间提供管理传输通路，网络子系统负责管理通信业务，保证移动台与公用通信网之间建立通信，即网络子系统不直接与移动台互通，基站子系统不直接与公用通信网互通。移动台、基站子系统、网络子系统组成 GSM 系统的实体部分，操作子系统负责控制和维护部分。

1. 移动台

GSM 系统的移动台包括车载移动台、便携移动台和手持移动台，其中手持移动台(个人手机)是使用最多的移动台。GSM 系统用户使用移动台，通过无线通信接入通信网络，提供主叫和被叫通信，完成控制处理。移动台包括话筒、扬声器、显示屏、按键、读卡器、充电接口、数据接口等完成通话的必要设备。

在 GSM 系统中，移动台需要与用户识别模块(Subscriber Identity Module，SIM)配合使用。SIM 通常以小型卡片的形式出现，存储与用户有关的鉴权和加密信息。除紧急呼叫外，移动台中必须插入 SIM 卡才能工作。GSM 系统通过 SIM 卡识别移动通信用户，同一个用户可以根据需要，在不同的移动台中插入 SIM 卡，获得自己注册过的通信服务。同一个移动台也可以通过插入不同的 SIM 卡，为不同的用户服务。

2. 基站子系统

基站子系统包括 GSM 系统中无线通信部分的所有地面设施。基站子系统通过无线接口与移动台相连，负责无线发送、接收和资源管理。基站子系统通过接口与移动交换中心相连，并受到移动交换中心的控制，处理交换中心的接口信令，完成移动用户之间、移动用户与固定电话用户之间的通信连接，传送系统信号和用户信息。基站子系统与操作支持子系统之间也建立有通信连接，为用户提供了操作维护的接口。

基站子系统可分为基站收发信台和基站控制器两个部分。

(1) 基站收发信台是通过无线接口与移动台一侧连接的基站收发信机，包括发射机、接收机、天线系统、接口电路、检测控制装置等，主要负责无线传输。基站收发信台可以直接与基站控制器相连接，也可以通过基站接口设备采用远端控制的方式与基站控制器相连接。

(2) 基站控制器是基站收发信台和移动交换中心的连接点，也为基站收发信台和操作维护中心提供信息交换接口。一个基站控制器通常控制几个基站收发信台，进行无线信道管理，并控制移动台的越区切换。

3. 网络子系统

网络子系统具有系统交换功能和数据库功能，数据库中存储有用户数据及移动性、安全性管理所需的数据。网络子系统内部各功能实体之间以及网络子系统和基站子系统之间通过 GSM 的信令协议和信令网络互相通信。

网络子系统由移动业务交换中心、归属位置寄存器、访问位置寄存器、鉴权中心、移动设备识别寄存器和操作维护中心构成。

1）移动业务交换中心

移动业务交换中心是蜂窝通信网络的核心，主要功能是对本移动业务交换中心控制区域内的移动用户进行通信控制与管理，例如信道管理与分配、呼叫的处理与控制、越区切换和漫游的控制、用户位置登记与管理、用户号码和移动设备号码的登记与管理、服务类型的控制、对用户实施鉴权、为系统与其他网络连接提供接口等。

移动业务交换中心可从归属位置寄存器、访问位置寄存器、鉴权中心三种数据库中获取处理用户位置登记和呼叫请求所需数据；移动业务交换中心也可根据其获取的最新信息更新归属位置寄存器、访问位置寄存器、鉴权中心三种数据库中的部分数据。

2）归属位置寄存器

归属位置寄存器是一种存储本地用户位置信息的数据库，其存储的信息有永久性的参数，如用户号码、移动设备号码、接入的优先等级、预定的业务类型以及保密参数等；也有暂时性的需要随时更新的参数，即用户当前所处位置的有关参数。当用户漫游到归属位置寄存器服务区域之外时，归属位置寄存器也要登记由该区传送来的位置信息。

3）访问位置寄存器

访问位置寄存器是一种用于存储来访用户位置信息的数据库，一个访问位置寄存器通常为一个移动业务交换中心控制服务区，也可为几个相邻移动业务交换中心控制服务区。当移动用户漫游到新的移动业务交换中心控制服务区时，它必须向该区的访问位置寄存器申请登记。访问位置寄存器要从该用户的归属位置寄存器中查询其有关的参数，并通知其归属位置寄存器修改用户位置信息，为其他用户呼叫该移动用户并提供路由信息。当一个移动用户由一个访问位置寄存器服务区移动到另一个访问位置寄存器服务区，归属位置寄存器在修改该用户的位置信息后，还要通知原来的访问位置寄存器删除该移动用户的位置信息。

4）鉴权中心

鉴权中心的作用是识别用户身份，允许有权用户接入网络并获得服务。GSM 系统采取了严格的安全措施，例如：用户鉴权，对无线接口上的话音、数据和信号信息进行加密。鉴权中心存储着鉴权信息和加密密钥，防止无权用户进入系统和保证通过无线接口的移动用户通信的安全。

5）移动设备识别寄存器

移动设备识别寄存器存储着移动设备的国际移动设备识别码，用于对移动设备进行鉴别和监视。移动设备识别寄存器通过核查白色清单、黑色清单和灰色清单三种表格，区分出准许使用的、出现故障的、失窃不准使用的移动设备，确保网络内使用的移动设备都是安全的。

6) 操作维护中心构成

操作维护中心构成的任务是监控和操作网络，如系统自检、备用设备激活、系统故障诊断处理、话务信息统计、计费数据记录传递等。

4. 操作支持子系统

操作支持子系统的主要功能是移动用户管理、移动设备管理及网络操作维护。移动用户管理包括用户数据管理和呼叫计费。用户数据管理一般由归属位置寄存器来完成，SIM卡的管理用专门的 SIM 个人化设备来完成，呼叫计费可以由移动用户所访问的各个移动业务交换中心分别处理，也可以通过独立的计费设备来集中处理计费数据。移动设备管理是由移动设备识别寄存器来完成。网络操作维护主要是实现对基站子系统和网络子系统的操作与维护管理任务。

7.3　GSM 系统的网络接口

1. GSM 系统的主要接口简介

GSM 系统技术规范对其子系统间及各功能实体间的接口和协议作了比较具体的定义，以保证不同设备生产商提供的 GSM 设备都能够符合统一的规范，从而实现互通和组网。GSM 各接口采用的分层协议结构是符合开放系统互连（Open System Interconnection，OSI）参考模型的，分层的目的是允许隔离各组信令协议功能，按连续的独立层描述协议，每层协议在明确的服务接入点对上层协议提供它自己特定的通信服务。

GSM 系统的主要接口包括 A 接口、Abis 接口、Um 接口、Sm 接口和网络子系统内部接口等，如图 7-2 所示。

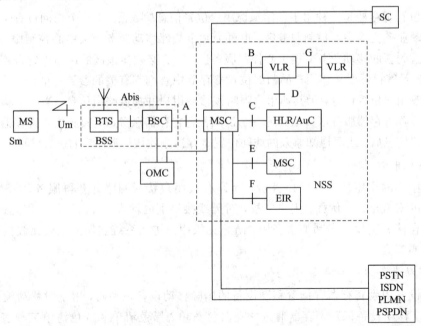

图 7-2　GSM 系统的主要接口

2. A 接口

A 接口是指网络子系统和基站子系统间的通信接口。从系统的功能实体来说，就是移动业务交换中心与基站控制器的互连接口，其物理链接通过数字传输链路实现。A 接口主要传递移动台管理、基站管理、移动性管理、接续管理等信息。

3. Abis 接口

Abis 接口是指基站控制器和基站收发信台间的通信接口，用于基站控制器和基站收发信台间的远端互连。其物理链接通过数字传输链路实现，传输速率可以是 2.048 Mb/s 或 64 kb/s。当基站收发信台与基站控制器的距离小于 10 m 时，二者可以使用 Abis 接口直接互连。

4. Um 接口 (空中接口)

Um 接口是指移动台与基站收发信台间的通信接口，用于移动台与 GSM 设备间的互通，其物理链接通过无线链路实现。此接口传递的信息包括无线资源管理、移动性管理和接续管理等。

5. Sm 接口 (用户与网络间的接口)

Sm 接口是指用户与网络间的接口，包括用户对移动端进行的操作，移动端向用户提供的显示、提示音等，还包括 SIM 卡与移动终端间的接口。

6. 网络子系统内部接口

在网络子系统内部各定义了 B、C、D、E、F 和 G 接口。

1) B 接口

B 接口定义为访问位置寄存器与移动业务交换中心之间的接口，用于移动业务交换中心向访问位置寄存器询问有关移动台当前的位置信息，或者通知访问位置寄存器有关移动台的位置更新信息等。

2) C 接口

C 接口定义为归属位置寄存器与移动业务交换中心之间的接口，用于传递路由选择和管理信息。如果归属位置寄存器作为计费中心使用，呼叫结束后，建立或接收呼叫的移动台所在的移动业务交换中心将把计费信息传递给该移动用户当前归属的归属位置寄存器。当建立一个移动用户的呼叫时，被叫用户归属的归属位置寄存器会被查询该移动用户使用的移动台的位置信息。C 接口的物理链接方式是通过归属位置寄存器与移动业务交换中心之间的数字链路实现的，传输速率为 2.048 Mb/s。

3) D 接口

D 接口定义为归属位置寄存器和访问位置寄存器之间的接口，用于交换有关移动台位置和用户管理的信息，保证移动台能够在整个服务区内建立和接收呼叫。D 接口的物理链接方式与 C 接口相同。

4) E 接口

E 接口定义为相邻区域的不同移动业务交换中心之间的接口，当移动台在一个呼叫进行过程中，从一个移动业务交换中心控制区域移动到相邻的另一个移动业务交换中心控制区域时，需要进行越区切换以保证通信的连续性。E 接口用于越区切换过程中交换有关切换信息。E 接口的物理链接方式是通过移动业务交换中心之间的数字链路实现的，传输速率为 2.048 Mb/s。

5）F 接口

F 接口定义为移动业务交换中心与移动设备识别寄存器间的接口，用于交换相关的国际移动设备识别码（International Mobile Equipment Identity，IMEI）管理信息。F 接口的物理链接方式是通过移动业务交换中心与移动设备识别寄存器之间的数字链路实现的，传输速率为 2.048 Mb/s。

6）G 接口

G 接口定义为访问位置寄存器之间的接口。当采用临时移动用户识别码（Temporary Mobile Subscriber Identity，TMSI）的移动台进入新的移动业务交换中心/访问位置寄存器服务区域时，G 接口用于向分配临时移动用户识别码的访问位置寄存器询问此移动用户的国际移动设备识别码信息。G 接口的物理链接方式与 E 接口相同。

7.4　GSM 系统的主要业务

1. 电话业务

GSM 系统最基本的业务是电话业务，可提供移动用户与固定电话用户间的实时双向通话，也可提供两个移动用户间的实时双向通话。

2. 紧急呼叫业务

在紧急情况下，即使移动用户没有 SIM 卡，也可以拨打紧急服务中心的号码获得服务。GSM 系统规定，紧急呼叫业务优先于其他服务。

3. 短消息业务

短消息业务是 GSM 系统最具特色的业务，用户可以在移动电话上直接发送和接收文字或数字消息，其传送的文字信息长度较短，因此称为短消息业务。短消息业务包括移动台间点对点的短消息业务，以及小区广播短消息业务。

短消息中心完成存储和前转点对点短消息业务的功能，点对点短消息业务的收发在呼叫状态或待机状态下进行，系统中由控制信道传送短消息，其长度须小于 160 个英文、数字字符或 70 个中文字符。短消息中心是一个独立的功能实体，与 GSM 系统相分离，可同时服务于移动电话用户和具备接收短消息业务的固定电话用户。

小区广播短消息业务是 GSM 系统以有规则的间隔向移动台广播具有通用意义的短消息，如天气预报等。移动台只有在待机状态下才可接收显示广播消息，其长度须小于 92 个英文、数字字符或 41 个中文字符。

4. 语音信箱业务

语音信箱业务源于有线电话服务。语音信箱可以存储声音信息，用户可以根据自己的需要随时提取。当其他用户呼叫 GSM 移动用户而该移动用户没有接通时，可将声音信息存入此用户的语音信箱。用户也可以直接拨打某位 GSM 移动用户的语音信箱留言。

语音信箱业务包含三种操作，分别是用户留言、用户使用自己的 GSM 移动电话提取留言、用户使用其他电话提取留言。

5. 传真和数据通信业务

传真和数据通信业务可使用户在户外或外出途中收发传真、阅读电子邮件、访问网络、登录远程服务器等。用户可以在 GSM 移动电话上连接一个计算机的 PCM-CIA 插卡，使用该插卡连接个人计算机，即可发送和接收传真、数据。

第8章　第三代移动通信系统

　　20世纪80年代末到90年代初，第二代移动通信系统刚刚出现，只实现了区域内制式的统一，覆盖范围只局限于城市地区。用户此时希望有一种能够提供真正意义的全球覆盖，提供更宽带宽、更灵活的业务，并且终端能够在不同的网络间无缝漫游的系统。第三代移动通信系统正是在这个背景下应运而生。本章将主要介绍第三代移动通信系统主要特点、关键技术和WCDMA、CDMA2000、TD－SCDMA三种第三代移动通信系统技术标准。

8.1　第三代移动通信系统概述

8.1.1　第三代移动通信系统的总体要求

　　第三代移动通信系统是在第一代、第二代移动通信系统的基础上发展起来的。第三代移动通信系统能够实现全球覆盖，提供更大带宽和更灵活的业务，使手机实现在不同的网络间无缝漫游。第三代移动通信系统的手机可以连接基于地面基站的网络，也可连接到卫星通信的网络。第三代移动通信系统主要有WCDMA、CDMA2000、TD-SCDMA三种技术标准。

　　第三代移动通信系统的总体要求是：

　　(1) 在服务质量方面，对语音通话质量有所改进，实现无缝覆盖，降低费用，降低传输延时。

　　(2) 在新业务能力方面，有较强的灵活接入能力，能够实现第一代、第二代移动通信系统不能实现的新语音和数据业务，以较低的资费标准提供宽带服务，能够自适应分配上网带宽。

　　(3) 在发展和过渡方面，能够与第二代移动通信系统长期共存，实现第二代、第三代移动通信系统的稳定过渡。

8.1.2　第三代移动通信系统的特点

　　第三代移动通信系统的特点主要是：

　　(1) 具有全球性漫游能力。第三代移动通信系统尽可能地缩小了几个主流无线接口间的差别，为进一步实现多频率、多模式、多用途终端设备打下了坚实基础。

　　(2) 终端设备类型灵活多样，包括普通语音终端、与笔记本电脑相结合的上网本、人体数据监测终端、室内定位终端等。

　　(3) 能够提供质量更佳的语音和数据业务，具有宽频高速的数据传输能力，新一代的鉴权和加密算法能够提供更强的保密能力。

（4）可以同时传输语音、短信息、数据和图像，支持大数据量的多媒体业务。

8.1.3　第三代移动通信系统的关键技术

1. 初始同步与 Rake 多径分集接收技术

CDMA 系统接收机的初始同步包括 PN 码同步、符号同步、帧同步和扰码同步等。CDMA2000 系统通过对导频信道的捕获，建立 PN 码同步和符号同步；通过对同步信道的接收，建立帧同步和扰码同步。WCDMA 系统的初始同步需要通过"三步捕获法"进行，即通过对基本同步信道的捕获，建立 PN 码同步和符号同步；通过对辅助同步信道的不同扩频码的非相干接收，确定扰码组号；通过对可能的扰码进行穷举搜索，建立扰码同步。

为了解决多径衰弱问题，系统采用 Rake 多径分集接收技术。为实现相干 Rake 接收，需要发送未调制的导频信号，使接收端能在确定已发数据的条件下估计出多径信号的相位，并在此基础上实现相干方式的最大信噪比合并。WCDMA 系统采用用户专用的导频信号，CDMA2000 下行链路采用公用导频信号，上行信道采用用户专用的导频信号。

2. 高效信道编译码技术

信道编译码技术是第三代移动通信系统的核心技术。在第三代移动通信系统的技术标准中，除了采用卷积编码技术和交织技术外，还采用了 Turbo 编码技术。

3. 智能天线技术

智能天线技术是雷达系统自适应天线阵列在通信系统中的新应用。该技术在第三代移动通信系统的基站中得到了广泛应用，主要用于扩大基站的覆盖范围，减少基站数量。智能天线技术适用于各类 CDMA 系统，能够较好地抑制多用户干扰，提高系统容量。WCDMA 系统和 CDMA2000 系统都支持智能天线技术。

4. 多用户检测技术

多径衰弱环境下，各用户的扩频码通常难以保证正交，将造成多个用户之间的相互干扰，并限制系统容量的提高。解决此问题的有效方法是使用多用户检测技术。多用户检测也称为联合检测和干扰对消，降低了多址干扰，可以消除远近效应问题，从而提高系统容量。多用户检测通过测量各用户扩频码间的非正交性，用矩阵求逆方法或迭代方法消除多用户间的相互干扰。CDMA 系统中，对某个用户来说，其他用户的信号均为干扰，而每个用户的信号都存在多径信号，因此，基站接收端的等效干扰用户等于正在通话的移动用户数乘以基站端可观察到的多径数。这意味着在实际系统中等效干扰用户数将多达数百个，算法计算量太大。实现多用户检测技术的关键是把其复杂的算法简化到可接受的程度。

8.2　WCDMA 系统

8.2.1　WCDMA 技术概述

WCDMA 是一种直接序列码分多址技术，信息被扩展成 3.84 MHz 的带宽，然后在

5 MHz的带宽内进行传递。

WCDMA 的主要技术指标如下：

基站同步方式：支持异步和同步的基站运行；

信号带宽：5 MHz；

码片速率：3.84 Mc/s；

发射分集方式：TSTD、STTD、FBTD；

信道编码：卷积码、Turbo 码；

调制方式：QPSK；

功率控制：上下行闭环、开环功率控制；

解调方式：导频辅助的相干解调；

语音编码：AMR。

WCDMA 采用 AMR 语音编码，支持 4.75~12.2 kb/s 的语音质量；采用软切换和发射分集，可提高系统容量；提供高保真的语音模式，并进行快速功率控制。

WCDMA 支持最高 2 Mb/s 的数据业务和包交换，目前采用 ATM 平台，提供 QoS 控制、公共分组信道和下行分享信道，更好地支持因特网分组业务，可提供移动 IP 业务。

8.2.2　WCDMA 系统的无线接口分层

无线接口指用户设备和网络之间的 Um 接口，由层 1、层 2 和层 3 组成。层 1 是物理层，层 2 和层 3 描述了 MAC、RLC 和 RRC 等子层。无线接口的分层结构如图 8-1 所示。

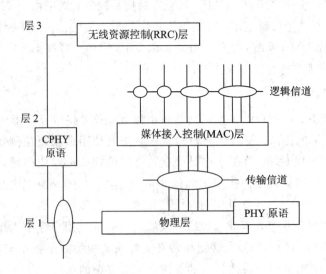

图 8-1　无线接口的分层结构示意图

1. 无线资源控制(RRC)层

无线资源控制层位于无线接口的第三层，它主要处理 UE 和 UTRAN 的第三层控制平面之间的信令，包括处理连接管理功能、无线承载控制功能、RRC 连接移动性管理和测量功能。

2. 媒体接入控制(MAC)层

媒体接入控制层屏蔽了物理介质的特征,为高层提供了使用物理介质的手段。高层以逻辑信道的形式传输信息,媒体接入控制层完成传输信息的有关变换,以传输信道的形式将信息发向物理层。

3. 物理层

物理层是 OSI 参考模型的最底层,它支持在物理介质上传输比特流所需的操作。物理层与层 2 的媒体接入控制层和层 3 的无线资源控制层相连。图 8-1 中不同层间的圆圈部分为业务接入点(Service Access Port,SAP)。物理层为媒体接入控制层提供不同的传输信道。传输信道定义了信息是如何在无线接口上进行传送的。媒体接入控制层为层 2 的无线链路控制(Radio Link Control,RLC)层提供了不同的逻辑信道。逻辑信道定义了所传送的信息的类型。物理信道是承载信息的物理媒介,在物理层进行定义。物理层接收来自媒体接入控制层的数据后,进行信道编码和复用,通过扩频和调制,送入天线发射。物理层的数据处理过程如图 8-2 所示,物理层技术的实现如图 8-3 所示。

图 8-2　物理层的数据处理过程

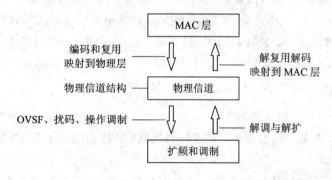

图 8-3　物理层技术的实现

8.2.3　WCDMA 系统的信道结构

WCDMA 系统的信道分为逻辑信道、传输信道和物理信道。逻辑信道直接承载用户业务,用户的业务包括控制平面业务和用户平面业务。根据承载业务不同,可分为控制信道和业务信道两大类。传输信道是无线接口第二层和物理层的接口,是物理层对 MAC 层提供的服务,根据传输的是针对一个用户的专用信息还是针对所有用户的公用信息而分为专用传输信道和公共传输信道两大类。物理信道是各种信息在无线接口传输时的最终体现形式，每一种使用特定的载波频率、扩频码、载波相对相位和相对时间的信道都可以理解为一类特定的物理信道。

1. 传输信道

传输信道是物理层对 MAC 层提供的服务，是定义数据怎样在空中接口中传输的，类似于 GSM 中的逻辑信道。传输信道的分类如图 8-4 所示。

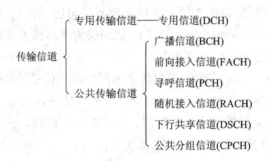

图 8-4　传输信道的分类

在公共传输信道中所有或某一组用户都要对该信道的信息进行解码，即使该信道的信息在某一时刻是针对一个用户的。专用传输信道的信息在某一时刻只能针对一个用户，所以某一时刻只有一个用户需要对该信道的信息进行解码。

WCDMA 中只有一种专用传输信道，即专用信道(DCH)。专用信道包括上行和下行传输信道，主要用来传输网络和特定用户设备之间的数据信息或控制信息。专用信道可在整个小区进行全向传播，也可采用智能天线技术针对某一用户进行传输。

公共传输信道共有 6 种类型：广播信道(Broadcast Channel，BCH)、前向接入信道(Forward Access Channel，FACH)、寻呼信道(Paging Channel，PCH)、随机接入信道(Random Access Channel，RACH)、下行共享信道(Dedicated Shared Channel，DSCH)和公共分组信道(Common Packet Channel，CPCH)。

2. 物理信道

物理信道可以由某一载波频率、信道码和扰码、相位确定，包括三层结构：超帧、无线帧和时隙。

WCDMA 中，一个超帧长为 720 ms，有 72 个无线帧。超帧的边界是用系统帧序号(SFN)来定义的，当系统帧序号为 72 的整数倍时，该帧为超帧的起始无线帧；当系统帧序号为 72 的整数倍减 1 时，该帧为超帧的结尾无线帧。

无线帧是一个包括 15 个时隙的信息处理单元，时长为 10 ms。

时隙是包括一组信息符号的单元，每个时隙的符号数目取决于物理信道。一个符号包括许多码片，每个符号的码片数量与物理信道的扩频因子数相同。

物理信道分为上行物理信道和下行物理信道，其分类如图 8-5 所示。

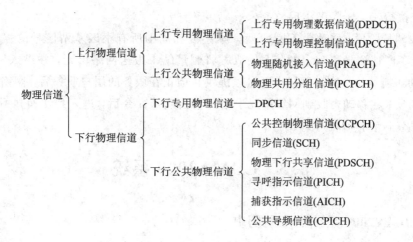

图 8-5　物理信道的分类

8.2.4　WCDMA 系统的信道编码和复用

为了保证高层的信息数据在无线信道上可靠传输，需要对来自 MAC 层和高层的数据流进行编码和复用，然后在无线链路上发送，并且将无线链路上接收到的数据进行解码和解复用后再送给 MAC 层和高层上。

编码和复用功能模块的数据以传送块集合的形式传输，在每个传送时间间隔（Transmission Time Interval，TTI）传输一次，传送时间间隔可以是 10 ms、20 ms、40 ms 或 80 ms。编码和复用的过程包括：给每个传送块加循环冗余校验（Cyclic Redundancy Check，CRC）、传送块级联和码块分割、信道编码、速率匹配、插入非连续传输（Discontinuous Transmission，DTX）指示比特、交织、无线帧分段、传输信道复用、物理信道分段、映射到物理信道。

差错检测功能是通过传送块上的循环冗余校验实现的，每个传输信道的循环冗余校验长度由高层决定。传送块级联是指在一个传送时间间隔中的所有传送块都是顺序级联起来的，如果在一个传送时间间隔中的比特数比给定值 Z 大，在传送块的级联后将进行码块分割，码块的最大尺寸根据编码而定。无线帧尺寸均衡是指对输入比特序列进行填充，以保证输出可以分割成大小相同的数据段。当传输时间间隔大于 10 ms 时，输入比特序列将分段并映射到连续的无线帧上，下行链路在速率匹配后，上行链路在无线帧尺寸均衡后，使用无线帧分段，可保证输入比特序列长度为数据段长度的整数倍。速率匹配表示数据信息在进行信道编码后，在一个传输信道上为适应固定分配的信道速率被重发或者打孔。无线帧在传输信道中以 10 ms 的间隔被送到传输信道复用功能块中，并被连续地复用到一个码分组合传输信道中。在下行链路中，当无线帧要发送的数据无法把整个无线帧填满时，需采用非连续发送技术，插入指示比特指出何时关闭传输，指示比特本身不需要被发送。

8.2.5　WCDMA 系统的切换

切换是移动台在移动过程中为保持与网络的持续连接而发生的，分为无线测量、网络判决、系统执行三个步骤来实现。

在无线测量阶段，移动台不断地搜索本小区和周围所有小区基站信号的强度和信噪比，基站也不断地测量移动台的信号，双方将测量结果报送网络单元，并进入网络判决，执行相应的切换算法、确认目标小区可以提供目前正在服务的用户业务后，网络最终决定是否开始切换。在移动台收到网络单元发来的切换确认命令后，进入到切换执行阶段，开始与新基站发送和接收信号。

8.3　CDMA2000系统

8.3.1　CDMA2000系统的发展历史

CDMA2000是基于IS-95CDMA的第三代移动通信标准，它可以提供144 kb/s以上速率的数据业务，而且增加了辅助信道，可以使一个用户承载多个数据流，为支持各种多媒体分组业务打下了基础。

CDMA2000的前向信道和反向信道均采用码片速率为1.2288 Mc/s的单载波直接序列扩频方式，可方便地与IS-95后向兼容，实现平滑过渡。

CDMA2000在无线接口上功能有了很大增强，软切换方面将原来的固定门限变为相对门限，增加了灵活性。

CDMA2000使用的前向快速寻呼信道技术可实现寻呼或睡眠状态的选择。基站使用快速寻呼信道向移动台发出指令，决定移动台是处于监听寻呼信道状态还是处于低功耗的睡眠状态，移动台不必长时间连续监听前向寻呼信道，可减少移动台激活时间并节省功耗。通过前向快速寻呼信道，基站向移动台发出最近几分钟内的系统参数消息，使移动台根据此消息做出相应设置处理。

CDMA2000使用的前向链路发射分集技术可降低发射功率，增强抗瑞利衰落能力，增大系统容量。CDMA2000系统采用的直接扩频发射分集技术主要包括：正交发射分集方式和空时扩展分集方式。

CDMA2000支持多种帧长，不同的信道中采用不同的帧长。较短的帧可减少时延，但解调性能较低；较长的帧可降低发射功率。前向基本信道、前向专用控制信道、反向基本信道、反向专用控制信道采用5 ms或20 ms帧；前向辅助信道、反向辅助信道采用20 ms、40 ms或80 ms帧；语音信道采用20 ms帧。

CDMA2000采用了前向快速功控技术，可进行前向快速闭环功控，大大提高了前向信道的容量，减少了基站耗电。

8.3.2　CDMA2000系统的信道结构

1. 反向信道

CDMA2000系统的反向信道结构如图8-6所示。

图 8 - 6　CDMA2000 反向信道结构

反向导频信道：是一个移动台发射的未调制扩频信号，用于辅助基站进行相关检测。

接入信道：传输一个经过编码、交织及调制的扩频信号，是移动台用来发起与基站的通信或响应基站的寻呼消息的。接入信道通过其公用长掩码唯一识别，由接入试探序列组成，一个接入试探序列由接入前导和一系列接入信道帧组成。

增强接入信道：用于移动台初始接入基站或响应移动台指令消息，可能用于基本接入模式、功率控制接入模式和备用接入模式。功率控制接入模式和备用接入模式可以工作在相同的增强接入信道，而基本接入模式需要工作在单独地接入信道。增强接入信道与接入信道相比在接入前导后的数据部分增加了并行的反向导频信道，可以进行相关解调，使反向的接入信道数据解调更容易。

反向公用控制信道：传输一个经过编码、交织及调制的扩频信号，是在不使用反向业务信道时，移动台在基站指定的时间段向基站发送用户信息和信令信息，通过长码唯一识别。反向公用控制信道可能用于两种接入模式：备用接入模式和指配接入模式。

反向专用控制信道：用于某一移动台在呼叫过程中向基站传送该用户的特定用户信息和信令信息。反向业务信道中可以包含一个反向专用控制信道。

反向基本信道：用于移动台在呼叫过程中向基站发送用户信息和信令信息。反向业务信道中可以包含一个反向基本信道。

反向辅助码分信道：用于移动台在呼叫过程中向基站发送用户信息和信令信息，仅在无线配置 RC 为 1 和 2，且反向分组数据量突发性增大时建立，并在基站指定的时间段内存在。反向业务信道中最多可以包含 7 个反向辅助码分信道。

反向辅助信道：用于移动台在呼叫过程中向基站发送用户信息和信令信息，仅在无线配置 RC 为 3～6 时，且反向分组数据量突发性增大时建立，并在基站指定的时间段内存在。反向业务信道中可以包含 2 个反向辅助信道。

2. 前向信道

CDMA2000 系统的前向信道结构如图 8 - 7 所示。

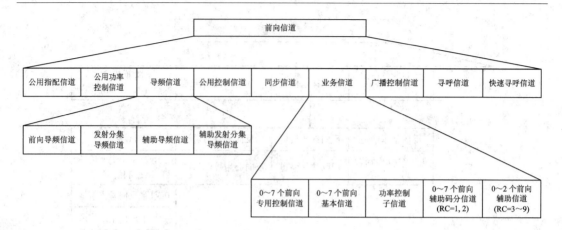

图 8 - 7　CDMA2000 前向信道结构

广播控制信道：传输经过卷积编码、码符号重复、交织、扰码、扩频和调制的扩频信号，用来发送基站的系统广播控制信息。基站利用此信道与区域内的移动台进行通信。

快速寻呼信道：传输一个未编码的开关控制调制扩频信号，包含寻呼信道指示，用于基站和区域内的移动台进行通信。基站使用快速寻呼信道通知空闲模式下工作在分时隙方式的移动台，是否应在下一个前向公用控制信道或寻呼信道时隙的开始接收前向公用控制信道或寻呼信道。

公用功率控制信道：用于基站进行多个反向公用控制信道和增强接入信道的功率控制。基站支持多个公用功率控制信道工作。

公用指配信道：提供对反向链路信道指配的快速响应，以支持反向链路的随机接入信息的传输。该信道在备用接入模式下控制反向公用控制信道和相关联的功率控制子信道，并且在功率控制接入模式下提供快速证实。基站可以选择不支持公用指配信道，并在广播控制信道通知移动台这种选择。

公用控制信道：传输经过卷积编码、码符号重复、交织、扰码、扩频和调制的扩频信号，用于在未建立呼叫连接时，发送移动台的特定消息。基站利用此信道和区域内的移动台进行通信。

前向专用控制信道：用于在呼叫过程中给某一特定移动台发送用户信息和信令信息。每个前向业务信道中可以包含一个前向专用控制信道。

前向辅助码分信道：用于在通话过程中给特定移动台发送用户信息和信令信息，在无线配置 RC 为 1 和 2，且前向分组数据量突发性增大时建立，并在指定的时间段内存在。每个前向业务信道中最多可包含 7 个前向辅助码分信道。

前向辅助信道：用于在通话过程中给特定移动台发送用户信息和信令信息，在无线配置 RC 为 3 - 9，且前向分组数据量突发性增大时建立，并在指定的时间段内存在。每个前向业务信道中最多可包含 2 个前向辅助信道。

3. 反向信道调制

1）反向信道的无线配置

CDMA2000 反向信道通过无线配置 RC 来定义。反向信道共有六种无线配置，不同的配置使用不同的扩频速率、数据速率、前向纠错和调制特性。六种无线配置的应用必须满足一定的应用规则，而且前向信道和反向信道的无线配置是相互关联的。

2）反向信道的信号处理

前向纠错：根据不同的 CDMA2000 信道类型使用不同卷积速率的前向纠错。反向辅助信道还可使用 Turbo 编码方式进行前向纠错。

码符号重复：从卷积编码器中输出的码符号在交织前先被重复，以增加传输和接收的可靠性。反向业务信道的码符号重复率随数据速率的不同而不同。

打孔：只有无线配置 RC 为 3～6 时，使用打孔技术，目的是为了进行速率匹配，按一定算法删除一部分比特，将用户业务要求实时传送的信息比特数与信道速率相适应，即将数据流中的信息比特数按相应的格式进行筛选。

块交织：在调制和发射前，移动台将对所有信道上的码符号进行交织，以减少快速衰落的影响。

正交调制：前向信道使用的是完全正交的扩频码，而反向信道使用的是不完全正交的伪随机码扩频，反向信道为了弥补由此带来的不均衡，增加正交调制过程以增加基站接收后解调信息的信噪比。

正交扩频：当发射反向导频信道、增强接入信道、反向公用控制信道和反向业务信道，且 RC 为 3～6 时，移动台使用正交扩频。

直接序列扩频：反向业务信道在数据随机化后被长码直接序列扩频，而接入信道在经过正交调制后被长码直接序列扩频。

正交序列扩频：在直接序列扩频后，反向业务信道和接入信道等将进行正交扩频，用于该扩频的序列是前向信道上使用的零偏置正交导频序列。

4. 前向信道调制

CDMA2000 前向信道与反向信道的无线配置一样，不同的配置使用不同的扩频速率、数据速率、前向纠错和调制特性。前向信道的打孔、正交调制、扩频技术与反向信道类似。

8.3.3　CDMA2000 系统的工作过程

首先，用户通过移动台发起一个呼叫，生成初始化消息，此时还没有建立业务信道，移动台通过接入信道将该消息发送给基站。基站在收到初始化消息后，开始准备建立业务信道，并试探发送空业务信道数据，此时移动台还没有建立业务信道，所以基站的信道指配消息通过寻呼信道发送给移动台。移动台根据该消息所指示的信道信息开始尝试接收基站发送的前向空业务信道数据。在接收到连续正确帧后，移动台开始尝试建立相对应的反向业务信道。首先发送业务的前导数据，在基站探测到反向业务信道前导数据后，基站认为前向和反向业务信道链路基本建立，生成基站证实指令消息，并通过前向业务信道发送给移动台。移动台收到该消息后，开始发送反向空业务信道数据。基站接着生成业务选择响应指令消息，并通过前向业务信道发送给移动台。移动台根据收到的业务选择开始处理基本业务信道和其他相应的信道，并发送相应的业务连接完成消息。在移动台和基站间交流振铃和去振铃等消息后，用户即可进入对话状态。

对于分组业务，系统还需要建立相应的辅助码分信道。如果前向需要传输很多的分组数据，基站通过发送辅助信道指配消息建立相应的辅助码分信道，使数据在指定的时间段内通过前向辅助码分信道发送给移动台。如果反向信道需要传输很多的分组数据，则移动台通过发送辅助信道请求消息与基站建立相应的反向辅助码分信道，使数据在指定的时间段内通过反向辅助码分信道发送给基站。

8.4　TD-SCDMA 系统

8.4.1　TD-SCDMA 系统的多址方式

TD-SCDMA 是我国提出的 3G 标准。TD-SCDMA 系统采用时分双工、TDMA/CDMA/SDMA 多址方式，基于同步 CDMA、智能天线、多用户检测、正交可变扩频系数等新技术，工作频率为 2010~2025 MHz。其主要优势在于：上、下行对称，利于使用智能天线、多用户检测、CDMA 等新技术，可高效率满足不对称业务的需要，可简化硬件、降低成本和价格，利用不对称频谱资源大大提高频谱使用率。

TD-SCDMA（时分同步的 CDMA 系统）用软件和帧结构设计来实现严格的上行同步。它是一个基于智能天线的系统，充分发挥了智能天线的优势，并且使用了空分多址技术。它采用软件无线电技术，所有基带数字信号处理均用软件实现，而不依赖于集成电路。它将智能天线和联合检测技术相结合，实现了比时分双工高一倍的频谱利用率。TD-SCDMA 使用接力切换技术，克服了软切换要长期占用网络资源和基站下行容量的缺点。

CDMA 与 SDMA 可以相互补充，当几个用户靠得很近时，SDMA 技术无法精确分辨用户位置，每个用户都受到了相邻用户的强干扰而无法正常工作，而采用 CDMA 的扩频技术可以很轻松地降低其他用户的干扰。将 CDMA 与 SDMA 技术相结合得到 TD-SCDMA 技术，可以充分发挥这两种技术的优越性。TD-SCDMA 采用了 CDMA 技术，运算量比 SDMA 低，这是因为在 SDMA 中，要求波束赋形计算能够完全抵消干扰，而 CDMA 本身有很强降噪作用，所以在 TD-SCDMA 中 SDMA 只需要有部分降噪作用即可。

8.4.2　TD-SCDMA 系统的时隙帧结构

TD-SCDMA 以 10 ms 为一个帧时间单位，由于使用智能天线技术，需要随时掌握用户终端的位置，因此 TD-SCDMA 进一步将每个帧分为了两个 5 ms 的子帧，从而缩短了每一次上、下行周期的时间，能在尽量短的时间内完成对用户的定位。TD-SCDMA 的每个子帧结构如图 8-8、图 8-9 和图 8-10 所示。

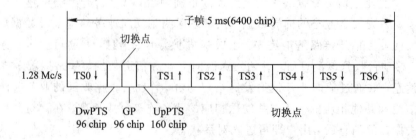

图 8-8　TD-SCDMA 的子帧结构

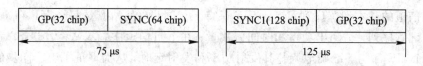

图 8-9 导频时隙 DwPTS 结构　　　图 8-10 导频时隙 UpPTS 结构

一个 TD-SCDMA 子帧分为 7 个普通时隙(TS0~TS6)、1 个下行导频时隙(DwPTS)、1 个上行导频时隙(UpPTS)和 1 个保护周期(GP)。切换点是上下行时隙之间的分界点，通过该分界点的移动，可以调整上下行时隙的数量比例，从而适应各种不对称分组业务。TS0 必须是下行时隙，TS1 一般情况下是上行时隙。

对于 TD-SCDMA，由于其帧结构为波束赋形的应用而优化，在每一个子帧里都有专门用于上行同步和小区搜索的 UpPTS 和 DwPTS。每个 DwPTS 包括 32 chip 的 GP 和 64 chip 的 SYNC，其中 SYNC 是一个正交码组序列，共有 32 种，分配给不同的小区，用于小区搜索。UpPTS 包括 128 chip 的 SYNC1 和 32chip 的 GP，其中 SYNC1 是一个正交码组序列，共有 256 种，按一定算法随机分配给不同的用户，用于在随机访问程序中向基站发送物理信道的同步信息。

8.4.3 TD-SCDMA 系统的物理层程序

1. 同步与小区搜索

1) TD-SCDMA 小区搜索

TD-SCDMA 的小区搜索分为以下四步：

(1) 下行导频时隙搜索。在 TD-SCDMA 的下行通道中包含下行导频时隙，用户设备 UE 使用一个匹配滤波器搜索下行通道，找到信号最强的下行导频时隙，读取 SYNC 识别号 ID，其对应一个扰码和训练序列的码组，每一个码组含有 4 个扰码。

(2) 扰码和基本训练序列识别。其目的是找到该小区所使用的基本训练序列和与其对应的扰码。UE 只需通过使用在步骤(1)中读取的 4 个基本训练序列进行相关性判断，就可以确定该训练序列是哪一个，进一步确定扰码，因为扰码是和特定的训练序列相对应的。

(3) 实现复帧同步。UE 通过 QPSK 相位编码信息搜索到复帧头，实现复帧同步，因为复帧头包含 QPSK 相位编码信息。

(4) 读广播信道。UE 利用前几步已经识别出的扰码、基本训练序列、复帧头读取广播信道信息，从而得到小区配置等公用信息。

2) TD-SCDMA 同步

UE 通过小区搜索已经可以接收来自基站的下行同步信号，但基站与每个 UE 的距离不同，所以仅靠下行信道的同步信号并不能完全实现上行传输同步。上行信道的初始传输同步是靠 UE 发送的上行导频时隙中的 SYNC1 实现的，该 SYNC1 由于与业务信道时隙间有足够大的保护间隔，因此基本不会对业务时隙产生干扰，其中 SYNC1 的功率和定时是根据从下行导频信道上接收的功率电平和定时来设定的。基站在搜索窗口中对 SYNC1 序列进行探测，估算接收定时和功率，并将调整信息反馈给 UE，以便 UE 修改下一次发送上行导频的定时和功率。在接下来的 4 个子帧内，基站将继续对 UE 发送调整信息。

上行信道的基本训练序列可帮助 UE 保持上行同步。基站测量每个 UE 在每一个时隙内的基本训练序列，估测出功率和时间偏移量；在下行信道中，基站将发送 SS 和 TPC 命令，使每个 UE 都能够准确地调整其发射功率和发射定时，从而保证了上行同步的可靠性。

2. 功率控制

在 TD-SCDMA 中，由于其应用环境是覆盖室外，所以上行信道也需要闭环功率控制，其他信道的功率控制方式与 WCDMA 基本类似。

3. 无线帧间断发射

对于 TD-SCDMA 来说，当传输信道复用后总的比特速率和已分配的专用物理信道总的比特速率不同时，上下行链路就要通过间断发射使之与专用物理信道的比特速率匹配。

第 9 章　4G 移动通信系统

3G 虽然提供了多媒体业务能力，但是系统容量、业务的丰富性仍然无法满足日益增长的通信需求。2007 年，美国苹果公司推出第一款 iPhone 手机，标志着智能手机革命的到来。智能手机需要无线系统提供每秒百兆比特的高容量数据服务，这也触发了第四代移动通信系统(4G)时代的到来。本章介绍了 4G 的设计目标和标准协议制定过程，以及网络结构与协议栈、核心技术、无线接口、增强技术。

9.1　4G 移动通信系统概述

9.1.1　4G 的设计目标

在 4G 之前，蜂窝通信系统和标准对系统性能的要求定得较为宽泛，偏重强调峰值速率，而对所占的频率资源，以及用户的平均速率、小区边缘速率等指标并没有严格限定；部署场景也较单一，郊区宏站的室外用户是常见的场景。而第四代蜂窝通信考虑了多种场景，对每一种场景的性能指标都有明确要求。

传输速率通常定义为频谱效率，即每赫兹每秒在一个基站和一个终端之间正确传输的比特数，这里的带宽资源和时间资源中包括了各种控制信令、参考信号、波形前缀等的开销，因此反映了整体设计的综合效果。系统仿真考虑的是多用户多小区的环境，所以确切地讲，频谱效率是指每个小区在单位时间和单位带宽下的吞吐量。ITU 的主要评估场景有室内(Indoor)、微蜂窝(Micro)、宏蜂窝(Macro)和高速移动(fast moving)。室内场景的基站密度较高，用户呈热点分布，且移动性小；微蜂窝基站的覆盖介于室内场景和宏蜂窝之间。注意，以上的场景基本上还是属于同构网，室内场景有些例外，但也是相对隔绝的单个小区。在 2008 年 6 月订立 IMT-Advanced 系统的性能要求时，考虑的新技术大都是针对同构网的。因为当时业界对异构网的研究尚处于初级阶段，无法对其性能提出具体的要求。

IMT-Advanced 对下行要求的频谱效率如图 9－1 所示，纵坐标(频谱效率)是以 10 为底的对数坐标。可见峰值效率远远高于平均效率和小区边缘效率，分别差一个和两个数量级。IMT-Advanced 的性能指标没有标明天线的配置，但是收/发天线的数目不能超过 8 根，而且在考虑峰值速率时，基站侧的收/发天线最多为 4 根，终端侧的接收天线最多为 4 根，发射天线最多为两根。

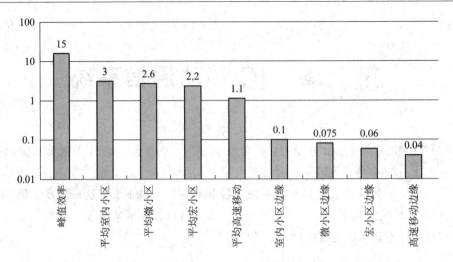

图 9-1　IMT-Advanced 对下行频谱效率（b/s/Hz）的要求

在 IMT-Advanced 的性能要求之上，3GPP 对 LTE-Advanced 提出了更高的性能需求，图 9-2 所示的是对 3GPP Case 1 场景的下行要求，3GPP 的 Case 1 场景与 ITU 的城市宏蜂窝场景（Urban Macro）相近。突出点是峰值频谱效率为 30 b/s/Hz，这意味在 64 - QAM 调制下，下行需要支持 8 层的空间信道复用（8×8 MIMO）。性能指标对不同的天线配置有不同的要求。

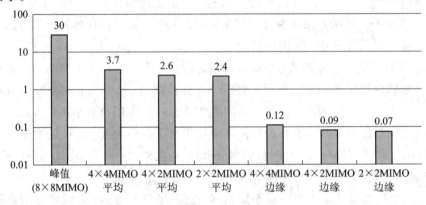

图 9-2　3GPP LTE-Advanced 对下行频谱效率（b/s/Hz）的要求，Case 1 场景

相比下行，上行因为终端发射功率较受限，对其要求也有所降低，特别是峰值频谱效率，如图 9-3 和图 9-4 所示。同下行的情况类似，LTE-Advanced 的上行性能要求高于 IMT-Advanced，尤其体现在能支持层数为 4 的空间信道复用，使得峰值频谱效率达到15 b/s/Hz。

频谱效率反映的是资源的利用率，而一个链路的总体速率还取决于带宽。IMT-Advanced要求终端最小支持 40 MHz 的带宽，并鼓励研究支持 100 MHz 的带宽，从而实现真正意义的大宽带通信。注意这里并没有对频带的连续性有所要求。如果按照下行峰值频谱效率 15 b/s/Hz，当终端支持 67 MHz 带宽时，所能达到的传输速率就超过 1 Gb/s，与光缆的速率有可比性。除了对传输速率、吞吐量和带宽的要求之外，IMT-Advanced 要求网络协议控制面的时延，例如歇息状态到激活状态的切换时间在 100 ms 以内。对于协议用户面,在低负载和小数据分组的情形下,传输时延在 10 ms 以内。

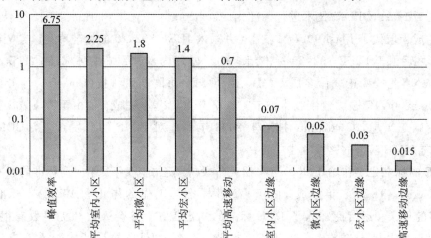

图 9 - 3　IMT-Advanced 对上行频谱效率(b/s/Hz)的要求

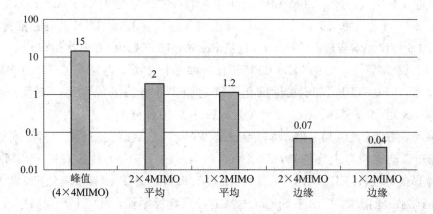

图 9 - 4　3GPP LTE-Advanced 对上行频谱效率(b/s/Hz)的要求,Case 1 场景

9.1.2　4G 标准协议制定过程

　　每个工业标准的发展都具有一定的延续性。延续性一方面可以减小对已有系统的冲击,有利于平滑演进;另一方面通过尽可能地沿用已有的产品实现,可以降低研制开发的风险。因此,第三代蜂窝通信的每一个主流标准在朝向第四代迈进时都有一个相应的演进版本。在 3GPP2 标准组织,CDMA2000/EV-DO 演变成 Ultra(UMB),仍然以 Qualcomm 主导;在 3GPP 标准组织,UMTS/HSPA 演变成 Long Term Evolution(LTE)/LTE-Advanced;TD-SCDMA 与 LTE 融合生成 TD-LTE,从属于 LTE。以上的标准主要由传统移动通信厂商和运营商推动,除此之外,在 IEEE 标准组织,英特尔公司(Intel)联合有线电视运营商和众多中小规模的厂家,推出了 802.16 系列的蜂窝通信标准,通常称为 WiMAX 协议。需要指出的是从第三代到第四代的演进,从技术角度上都是较为"革命性"的,从标准协议方面上,与以前系统的共性并不是很多,这里的"延续性"更是从标准组织关系和厂家利益集团的角度而言。

UMB 的技术起始于 Qualcomm 对 IEEE 802.20 的研究。802.20 由 Flarion 公司发起，其目的是对 Flash-OFDM 技术进行标准化。Qualcomm 在兼并 Flarion 之后，基本上用其自主研究的成果取代了 Flash-OFDM 技术，并写入 IEEE 802.20 的标准草案，与 WiMAX 形成竞争。之后由于 IEEE 802.20 标准组织忙于处理内部纠纷，失去标准时间窗口。之后 Qualcomm 将此技术正式命名成 UMB，在 3GPP2 协同朗讯科技（Lucent）、北电（Nortel）和三星（Samsung）等公司制定技术细节，2007 年底已基本完成。但由于 Verizon 等几家大的运营商缺乏兴趣，Qualcomm 被迫于 2008 年停止对 UMB 的研发，这条 CDMA2000/EV-DO 向 UMB 演进的路线宣告中止。

LTE 的标准化工作始于 2004 年，研究阶段持续至 2006 年。第一期标准的版本编号是 8（Release 8），于 2008 年完成。由于 UMB 标准化工作的停止和 WiMAX 标准的边缘化，更多的厂家和运营商加入了 LTE 标准的制定工作，参会人数和提案数有很大增加，逐渐成为世界上最主流的 4G 蜂窝通信标准。版本 8 LTE 的设计性能还不能完全达到 IMT-Advanced 的要求，所以从 2008 年起，3GPP 开始了对 LTE-Advanced 标准化的研究。作为一个重大的技术迈进，LTE-Advanced 标准的版本编号是 10（Release 10），其研究阶段持续至 2009 年底，协议的制定于 2011 年上半年结束。之后，LTE 系列标准持续演进，一般认为 4G 协议版本演进至 Release 14（从 Release 15 开始为 5G 标准协议）。

TDD-LTE 尽管与通常的 FDD-LTE 相比有些独特之处，且融入了 TD-SCDMA 的一些关键技术，但是 TDD-LTE 在标准化的制定和产业链的发展方面一直保持与 LTE/LTE-Advanced 的步调总体一致，已经成为 LTE 中的一部分。

WiMAX 发端于无线局域网，可以看成是 Wi-Fi 向广域蜂窝通信的一个延伸，技术上仍然以低速移动终端为主要场景，但还带有相当多的 Wi-Fi 的技术痕迹。WiMAX 早在 2007 年就形成标准（IEEE 802.16e），时间上较 LTE 和 UMB 占有市场先机，起初 Sprint 等运营商计划广泛部署，但由于 Sprint 本身的经营状况不佳，再加上产业联盟过于松散，商业模式不够健全，因此实际上并没有形成全球部署。

在 2012 年的国际电信联盟大会上，LTE/LTE-Advanced（包括 TDD-LTE）和 WiMAX（IEEE 802.16m）被认定为第四代蜂窝通信的标准，纳入 IMT-Advanced，许可在全球范围内部署。从全球 4G 网络部署来看，LTE 技术占据了支配性地位，因此 LTE 成为事实上唯一的 4G 技术标准，本章着重对 LTE 网络技术进行介绍。

9.2　4G 系统的网络结构与协议栈

9.2.1　4G 系统的网络结构

为了达到简化信令流程、缩短延迟和降低成本的目的，LTE 舍弃了 UTRAN 的无线网络控制器-基站（RNC-Node B）结构，精简为核心网加基站（evolved Node B，eNodeB）模式，整个 LTE 网络由演进分组核心网（Evolved Packet Core，EPC）和演进无线接入网（Evolved Universal Terrestrial Radio Access Network，E-UTRAN）组成。核心网由许多网元节点组成，而接入网只有一个节点，即与用户终端（User Equipment，UE）相连的 eNodeB。所有网元都通过接口相互连接，通过标准化接口，满足众多供应商产品间的互操作性。LTE 网络架构图如图 9-5 所示。

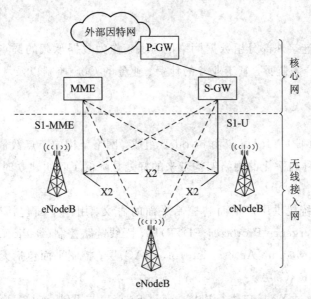

图 9-5 LTE 网络架构图

1. 核心网

核心网负责对用户终端的全面控制和有关承载的建立。EPC 的主要网元有：

（1）移动性管理实体（Mobility Management Entity，MME）。

（2）服务网关（Serving Gateway，S-GW）。

（3）分组数据网关（Packet Data Network Gateway，P-GW）。

除了这些网元，EPC 还包括归属用户服务器（Home Subscriber Server，HSS）、策略控制和计费规则功能（RCPF）等。

下面进行介绍 EPC 主要网元的功能。

1）MME

MME 是处理 UE 和核心网络间信令交互的控制节点，主要负责用户接入控制、业务承载控制、寻呼控制、切换控制等控制信令。MME 功能与网关功能分离，这种控制平面和用户平面相分离的架构，有助于网络部署、单个技术的演进以及灵活的扩容。MME 有如下功能：

（1）寻呼信息分发。

（2）安全控制。

（3）空闲状态的移动性管理。

（4）SAE（系统架构演进）承载控制。

（5）非接入层信令的加密和完整性保护。

2) S-GW

S-GW 作为本地基站切换时的锚点，通过 S1-U 接口来实现用户数据包的路由和分发。S-GW 主要负责在基站和公共数据网关之间传输数据信息、为下行数据包提供缓存、基于用户计费等。

3) P-GW

P-GW 是 UE 连接外部分组数据网络的网关。作为数据承载的锚点，P-GW 主要负责包转发、包解析、合法监听、基于业务的计费、业务的 QoS 控制以及和非 3GPP 网络间的互联等。

2. 接入网

LTE 的接入网 E-UTRAN 仅由 eNodeB 组成，网络架构中节点数量减少，网络架构更加趋向扁平化。这种扁平化的网络架构带来的好处是降低了呼叫建立时延以及用户数据的传输时延。

E-UTRAN 系统提供用户平面和控制平面的协议，用户平面包括分组数据汇聚协议（Packet Data Convergence Protocol，PDCP）层、无线链路控制（Radio LinkControl，RLC）层、媒体接入控制（Medium Access Control，MAC）层；控制平面包括无线资源控制（Radio Resource Control，RRC）层。

eNodeB 之间通过 X2 接口进行连接，通过 S1 接口与 EPC 连接，更确切地说，通过接口 S1-MME 连接到 MME，通过接口 S1-U 连接到 S-GW。eNodeB 与 UE 间的协议为接入层（AS）协议。

eNodeB 具有如下功能：

（1）无线资源管理相关的功能，如无线承载控制、接纳控制、连接移动性管理、上/下行动态资源分配/调度等。

（2）IP 头压缩与用户数据流的加密。

（3）UE 附着时的 MME 选择。由于 eNodeB 可与多个 MME/S-GW 之间存在 S1 接口，因此在 UE 初始接入到网络时，需要选择一个 MME 进行附着。

（4）寻呼信息的调度和传输。

（5）广播信息的调度和传输。

（6）用于移动和调度的测量和测量报告的配置。

3. S1 接口

S1 接口是 MME/S-GW 网关与 eNodeB 之间的接口，具体分为 S1-MME 和 S1-U。它与 3G 系统中的 Iu 接口相同点是位置类似，不同点是只支持 PS 域。

和 3G 网络相比，4G 网络最突出的变化是将原来的三层结构演化为两层结构，使得用户面的数据传送和无线资源的控制变得更加迅捷。相比前几代移动通信系统，4G 系统网络架构的主要变化为：

（1）实现了控制与承载的分离，MME 负责移动性管理、信令处理等功能，S-GW 负责媒体流处理及转发等功能。

（2）核心网取消了 CS(电路域)，全 IP 的 EPC 支持各类技术统一接入，实现固网和移动融合(FMC)，灵活支持 VoIP 及基于 IMS 多媒体业务，实现了网络全 IP 化。

（3）取消了 RNC，原来 RNC 功能被分散到了 eNodeB 和网关(S-GW)中，eNodeB 直接接入 EPC，LTE 网络结构更加扁平化，降低了用户可感知的时延，大幅提升用户的移动通信体验。

（4）传输带宽方面：较 3G 基站的传输带宽需求大幅增加，峰值将达到 1 Gb/s。

9.2.2　4G 协议栈

4G 空中接口是终端(UE)和 eNodeB 之间的接口，空中接口协议主要是用来建立、配置和释放各种无线承载业务的。

空中接口协议栈主要分为三层两面，三层指物理层、数据链路层、网络层，两面指用户平面和控制平面。其中数据链路层又被划分为三个子层：分组数据汇聚协议子(Packet Data Convergence Protocol，PDCP)层、无线链路控制子(RadioLink Control，RLC)层和媒体访问控制子(Media Access Control，MAC)层。

1. 用户平面协议栈

用户平面用于执行无线接入承载业务，主要负责用户发送和接收的所有信息的处理，用户平面协议栈主要由 MAC、RLC 和 PDCP 三个子层构成，如图 9-6 所示。

其中，PDCP 子层提供数据传输功能，主要任务是头压缩、用户面数据加密；RLC 子层为上层数据提供可靠的传输服务，其实现的功能包括数据包的封装和解封装、ARQ 过程、数据的重排序和重复检测、协议错误检测和恢复等；MAC 子层为上层协议层提供数据传输和无线资源分配服务，实现与数据处理相关的功能，包括信道管理与映射、数据包的封装与解封装、HARQ 功能、数据调度、逻辑信道的优先级管理等。

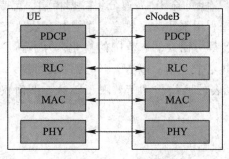

图 9-6　用户平面协议栈

2. 控制平面协议

控制平面负责用户无线资源的管理、无线连接的建立、业务的 QoS 保证和最终的资源释放，如图 9-7 所示。

控制平面协议栈主要包括非接入(Non-Access Stratum，NAS)层、无线资源控制(RadioResource Control，RRC)子层、PDCP 子层、RLC 子层以及 MAC 子层。

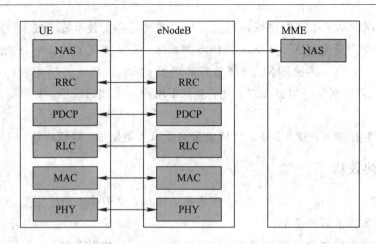

图 9-7　控制平面协议栈

控制平面的主要功能由上层的 RRC 层和 NAS 层实现。其中，NAS 控制协议实体位于终端（UE）和移动管理实体（MME）内，主要负责非接入层的管理和控制；其功能包括 EPC 承载管理、鉴权、产生 LTE-IDLE 状态下的寻呼消息、移动性管理、安全控制等。RRC 协议实体位于 UE 和 eNode B 网络实体内，主要负责接入层的管理和控制，其功能包括广播、寻呼、RRC 连接管理、无线承载控制、移动性功能、UE 测量的上报和控制等。

PDCP、MAC 和 RLC 的功能和在用户平面协议实现的功能类同。

9.3　4G 系统的核心技术

为了适应移动通信系统的宽带化、数据化和分组化的需求，4G 移动通信系统必须能够支持数据速率为 1 Gb/s 以上的全 IP 高速分组数据传输、支持高的终端移动性、支持高的传输质量、提供高的频谱利用率和功率效率，并能够有效地支持在用户数据速率、用户容量、服务质量和移动速度等方面大动态范围的变化。为了满足这些要求，人们发展了众多的新理论与新技术，其核心技术有：以 MIMO 为代表的多天线技术，以 OFDM 为代表的多载波技术，以 IP 为代表的网络技术等。限于篇幅，下面仅简要介绍 OFDM 技术和 MIMO 技术。

9.3.1　OFDM 技术

随着无线数据速率的不断提高，无线通信系统的性能不仅仅受到噪声的限制，更主要受制于无线信道时延扩展所带来的码间串扰。对于高速数据业务，发送符号的周期可与时延扩展相比拟，甚至小于时延扩展，此时将引入严重的码间串扰，导致系统性能急剧下降。

为了传输高速数据业务，必须采用措施消除码间串扰。经典的抗码间串扰方法是信道均衡，但在采用单载波均衡的情况下，往往要设计抽头系数很大的均衡器，这是现有技术难以支持的。同样，在现有技术条件下，采用 CDMA 技术来传输高速数据业务也十分困难。研究表明，在传输 5Mb/s 以上的高速数据业务时，采用 OFDM 技术既能抗码间串扰，又能支持高速的数据业务，且不需要复杂的信道均衡器。因此，4G 选用了 OFDM 技术。

如第 4 章所述，OFDM 的基本原理是将高速的数据流分解为多路并行的低速数据流，在多个载波上同时进行传输。对于低速并行的子载波而言，由于符号周期展宽，多径效应造成的时延扩展相对变小。当每个 OFDM 符号中插入一定的保护时间后，码间串扰几乎就可以忽略。OFDM 技术突出的优点是频谱利用率高，抗多径干扰能力强。OFDM 技术的不足之一是存在较高的峰值平均功率比（Peak-to-Average Power Ratio，PAPR）。原因是OFDM 系统输出信号是多个子信道信号的叠加，当多个信号的相位一致时，所得到的信号瞬时功率会远远大于信号的平均功率，导致出现较大的峰值平均功率比。这一因素明显增加了发射机的实现难度。因此，考虑到基站与终端对体积、发射功率、节能要求和成本上的巨大差异，在选择多址方式时，4G 系统下行采用 OFDMA，上行采用单载波 FDMA（Single Carrier FDMA，SCFDMA）。

1. OFDM 的 DFT 实现

采用 DFT 技术的 OFDM 系统如图 9-8 所示。

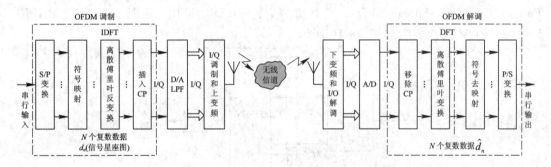

图 9-8　使用 DFT 的 OFDM 系统示意图

在基带以数字化的方式（如 FPGA、DSP 等）实现式（4-50）给出的 $s(t)$ 的复包络 $x(t)$ 时，所实现的只能是 $x(t)$ 的采样值。以 $t_s = 0$ 为例，在区间 $[0, T]$ 内对 $x(t)$ 按间隔 $\Delta t = T/N = T_s$ 进行均匀采样，将得到

$$x_k = x(k\Delta t) = \sum_{i=0}^{N-1} d_i \, \mathrm{e}^{\mathrm{j}2\pi\frac{i}{T}\cdot\frac{kT}{N}} = \sum_{i=0}^{N-1} d_i \, \mathrm{e}^{\mathrm{j}2\pi\frac{ik}{N}} \qquad k = 0, 1, \cdots, N-1 \qquad (9-1)$$

这个结果正好是序列 $d_0, d_1, \cdots, d_{N-1}$ 的离散傅里叶反变换（IDFT）。这说明，OFDM 中 N 个并行调制可以用一个快速傅里叶反变换（IFFT）运算模块来实现。同样，OFDM 信号的解调也可以用一个 FFT 运算模块实现。

按一般习惯，我们把 IDFT 变换前的矢量叫"频域"，变换后的矢量叫"时域"。用大写表示频域，小写表示时域。以下我们将用矢量 $\boldsymbol{X} = (X_0, X_1, \cdots, X_{N-1})^{\mathrm{T}}$ 来替代 d_0, d_1, $\cdots, d_{N-1}$，并用 $\boldsymbol{x} = (x_0, x_1, \cdots, x_{N-1})^{\mathrm{T}}$ 来表示 $x(t)$ 的 N 个采样值。

如图 9-5 所示，输入的二进制比特经串/并（S/P）转换后，被映射为 N 个调制符号，形成矢量 $\boldsymbol{X}$，再通过 N 个点 IDFT 成为矢量 $\boldsymbol{x} = (x_0, x_1, \cdots, x_{N-1})^{\mathrm{T}}$，然后添加循环前缀（Cyclic Prefix，CP）成为矢量 $(x_{N-p}, \cdots, x_{N-2}, x_{N-1}, x_0, x_1, \cdots, x_{N-1})^{\mathrm{T}}$，经 D/A 转换和低通滤波（LPF）后得到所需的 OFDM 符号，接着进行调制和上变频后发送。循环前缀是在 x 的前缀上最后的 p 个元素（时域样值），如图 9-9 所示。加循环前缀的目的是为了在多径环境中避免前后的 OFDM 符号之间的干扰，并保证子载波信号之间的正交性，起到了

"一箭双雕"的效果。CP的持续时间 T_g 一般应大于多径信道的时延扩展。在权衡了密集城区、城区、郊区、农村等多种典型的LTE场景后，3GPP最终选择了 $4.69\,\mu s$ 普通CP长度来对抗一般环境的多径干扰，选择了 $16.7\,\mu s$ 的扩展CP长度来对抗时延扩展较大环境下的多径干扰。

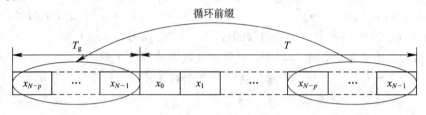

图 9 - 9　循环前缀

2. SC-FDMA 多址方式的实现

4G上行所采用的 SC-FDMA 多址接入，其实现是基于 DFT-S-OFDM(Discrete Fourier Transform-Spread OFDM)调制方案，同 OFDM 相比，它具有较低的 PAPR。DFT-S-OFDM 调制方案如图 9 - 10 所示。

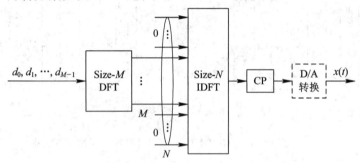

图 9 - 10　DFT-S-OFDM 调制原理示意图

由图 9 - 10 可见，DFT-S-OFDM 的调制过程是以长度为 M 的数据符号块为单位完成的，具体如下：

(1) 通过 DFT(离散傅里叶变换)，获取该时域离散序列的频域序列。长度为 M 的频域序列应能准确描述 M 个数据符号块所表示的时域信号。改变输入信号的数据符号块 M 的大小，就可实现频率资源的灵活配置。

(2) DFT 的输出信号送入 N 点离散傅里叶反变换(IDFT)中，其中 $N>M$。由于 IDFT 的长度比 DFT 的长度长，IDFT 多出的那一部分长度用 0 补齐。

(3) 在 IDFT 之后，为避免符号干扰，同样为该组数据添加循环前缀。可见，DFT-S-OFDM 与 OFDM 的实现有一个相同的过程，即都有一个采用 IDFT 的过程，所以 DFT-S-OFDM 可以看成是一个加入了预编码的 OFDM。

如果 DFT 的长度 M 等于 IDFT 的长度 N，那么两者级联，DFT 和 IDFT 的效果互相抵消，此时输出的信号就是一个普通的单载波调制信号。当 $N>M$ 并且采用 0 输入来补齐 IDFT 时，IDFT 输出信号具有以下特性：

(1) 信号的 PAPR 比 OFDM 的小。

(2) 改变 DFT 输出数据到 IDFT 输入端的映射情况，就可改变输出信号占用的频域位置。

若将 N 点 IDFT 看作是 OFDM 调制过程,那么该过程实质上就是将输入信号的频谱调制到多个正交的子载波上。

利用 DFT-S-OFDM 的特点可以方便地实现 SC-FDMA 多址接入方式。多用户复用频率资源时,只需要改变不同用户的 DFT 输出到 IDFT 输入的对应关系,就可以实现多址接入,同时子载波之间保持正交性,避免了多址干扰。图 9-11 给出了基于 DFT-S-OFDM 的SCFDMA信号生成方案示意图,可见该方案在 OFDM 的 IFFT 调制之前对信号进行 DFT 变换,把调制数据转换到频域,通过改变 DFT 到 IFFT 的映射关系形成不同的正交子载波集合,从而区分出不同的用户。图 9-12 进一步给出了该方案的多址接入方式和信号生成示意图,可见通过调整 IFFT 的输入,发射机就可以将发送信号调整到所期望的频率部分,进而在保证多用户之间灵活地共享系统传输带宽的情况下,避免了系统中多用户之间的多址干扰。

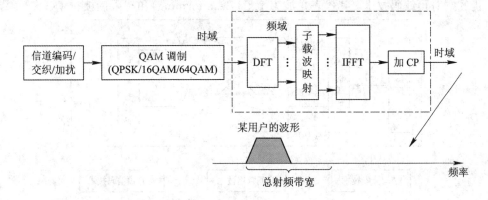

图 9-11　基于 DFT-S-OFDM 的 SC-FDMA 信号生成方案示意图

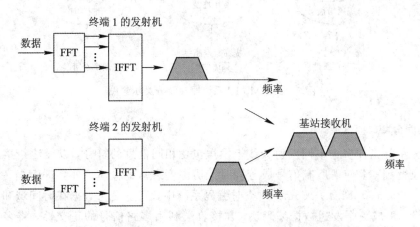

图 9-12　频域 SC-FDMA 多址接入方式和信号生成示意图

LTE 下行 OFDM 正交子载波承载的是时域数据信号,而 LTE 上行采用图 9-11 所示的方案后,相当于将单个子载波上的信息扩展到所属的全部子载波上,每个子载波都包含全部符号的信息,这样系统发射的是时域信号,进而保持了较低的 PAPR。

9.3.2　MIMO 技术

MIMO 技术实质上是将时间域和空间域结合起来进行空时信号处理的技术,它把多径作为一个有利因素加以利用，其原理图如图 9-13 所示。图中所示的系统称为 $N_t \times N_r$ MIMO系统，该系统有 N_t 根发射天线，N_r 根接收天线，第 i 根发射天线到第 j 根接收天线之间的信道衰落复系数为 h_{ji}。传输信息流 $s(n)$ 经过空时编码后形成 N_t 个信息子流 $x_i(n)$ （$i=1,2,\cdots,N_t$）。这 N_t 个信息子流分别由 N_t 个天线进行发送，经空间信道后由 N_r 个接收天线接收，接收到的信号分别为 $y_j(n)$（$j=1,2,\cdots,N_r$），最后接收端对这些信号进行联合检测处理，分离出多路数据流。空时编码是 MIMO 技术的核心，从信号处理角度，MIMO技术可分为三类：一类是旨在提高分集增益和编码增益的空间分集技术，其代表是空时格型编码（Space-Time TrellisCodes，STTC）和空时分组编码（Space-TimeBlock Codes，STBC）；另一类是可以成倍提高系统容量的空间复用技术，其代表是垂直结构的分层空时编码（Vertical Bell Labs Layered Space-Time，V-BLAST）方案；还有一类是旨在抑制干扰的空时预编码技术，其代表是波束赋形（Beamforming）和有限反馈技术。

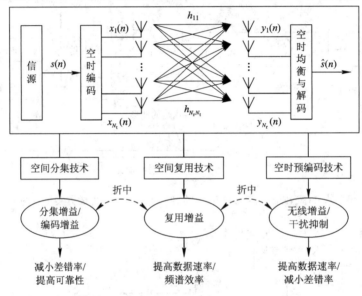

图 9-13 MIMO 系统原理及分类示意图

1. 空间分集

空间分集是指在多个不同发射天线上发送包含相同信息的符号，以设法给接收机提供多个独立衰落副本，使得所有信号成分同时经历深度衰落的概率变小，进而提高传输可靠性。例如，在 5.5 节介绍的 Alamouti 空时编码系统中，通过发送数据在时间域和空间域上的正交设计，形成一个发送数据编码块，在接收端利用多路信号的正交性，将多路独立的信号区别出来，获得分集增益。分集性能一般用分集增益来衡量。

2. 空间复用

空间复用是指在多个不同发射天线上发送不同信息的符号，利用空间信道的弱相关性形成的若干个并行子信道，来传输完全不同信息的符号；在接收端通过信号处理技术消除各子信道之间的干扰，恢复各子信道发送的信息。空间复用通过这些信道独立地传输信息，提高了数据传输率。分层空时编码是实现空时多维信号发送的结构，其最大的优点是：允许采用一维的处理方法对多维空间信号进行处理，进而极大地降低译码复杂度。复用性能用系统所能提供的复用增益来度量。

分层空时编码可以和信道编码级联。未进行信道编码分层空时码就是 VBLAST，其编码方式如图 9-14 所示。下面以此为例简要说明空间复用基本原理，如图 9-11 所示，在发射端，信息比特序列 $s(n)$ 经过串/并转换，得到并行的 N_t 个子码流，每个码流可以看作一层信息，然后分别进行 M 进制调制，得到调制符号 x_{N_t}，最后发送到相应的天线上。

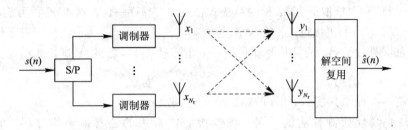

图 9-14　V-BLAST 基本系统框图

BLAST 结构可最大程度地发掘频谱效率，但是一般需要接收天线数目大于或等于传输天线数目，而这一点在下行链路中难以实现。另外因为不同的链路传输不同的信号，如果一条链路被损坏，就将面对不可挽回的错误。在平坦衰落信道环境下，设 $\boldsymbol{X}=[x_1 x_2 \cdots x_{N_t}]^{\mathrm{T}}$ 为 t 时刻从发射端发射的信号，通过信道后在接收端收到 $\boldsymbol{Y}=[y_1 y_2 \cdots y_{N_r}]^{\mathrm{T}}$，则有

$$\boldsymbol{Y}=\boldsymbol{H}\boldsymbol{X}+\boldsymbol{n} \tag{9-2}$$

式中

$$\boldsymbol{H}=\begin{bmatrix} h_{11} & h_{12} & \cdots & h_{1N_t} \\ h_{21} & h_{22} & & h_{2N_t} \\ \vdots & \vdots & \ddots & \vdots \\ h_{N_r 1} & h_{N_r 2} & \cdots & h_{N_r N_t} \end{bmatrix}$$

为信道矩阵，h_{ij} 为从发射天线 j 到接收天线 i 之间的信道衰落复系数（$i=1, 2, \cdots,$ N_r；$j=1, 2, \cdots, N_t$）；$\boldsymbol{n}=[n_1 n_2 \cdots n_{N_r}]^{\mathrm{T}}$ 为相互独立的零均值加性白高斯噪声，$n_i \sim N(0, \sigma_n^2)$。由式（9-2）可知，接收信号矢量是所有发射天线信号的叠加，即每个接收天线收到的都是有用信号与干扰信号的混叠。为了恢复有用信号，可以采用不同的 MIMO 信号检测方法。

下面以 2×2 MIMO 为例进行说明。此时，接收端的任务是求解发送的两个符号 $\boldsymbol{X}=[x_1 x_2]^{\mathrm{T}}$。接收端拥有的已知条件包括：已知 x_1、x_2 是两个独立数据信号，信道矩阵 $\boldsymbol{H}=\begin{bmatrix} h_{11} & h_{12} \\ h_{21} & h_{22} \end{bmatrix}$，接收矢量 $\boldsymbol{Y}=[y_1 y_2]^{\mathrm{T}}$。如果没有噪声，那么该条件下的式（9-2）是一个二元一次方程组，在信道矩阵满秩的条件下，其解为

$$\hat{\boldsymbol{X}}=\boldsymbol{H}^{-1}\boldsymbol{Y} \tag{9-3}$$

其中，$\boldsymbol{H}^{-1}$ 是信道矩阵的逆矩阵。在无噪声的情况下，$\hat{\boldsymbol{X}}=\boldsymbol{X}$。考虑噪声后，无论是用式（9-3）还是用其他方法，都不可能正确地得到 $\boldsymbol{X}$，只能给出一个估计值 $\hat{\boldsymbol{X}}$。给出这个估计值的算法很多，此类算法属于"MIMO 检测算法"。式（9-3）的解法称为迫零（Zero-Forcing，ZF）算法。性能最优的是最大似然（MaximunLikelihood，ML）检测，它的思路是穷举所有

可能的 X 取值，计算接近信号 Y 与每个可能的 HX 之间的欧氏距离，然后将 Y 判决为欧氏距离最近的那个 X。ML 检测算法的数学表式为

$$\hat{X} = \underset{X \in \Omega^2}{\operatorname{argmin}} \{ \| Y - HX \|^2 \} \qquad (9-4)$$

其中，Ω 是 X 中元素的星座图。

假设 x_1、x_2 都是 64QAM 调制，那么对于接收端来说，发送端发送的两个 64QAM 符号共有 $64 \times 64 = 4096$ 种可能取值。ML 检测算法式在式(9-4)逐一代入这 4096 种可能取值，然后比较哪一个 HX 值与 Y 更接近。显然，ML 检测算法复杂度很高，为此人们开发了性能略差的其他方法，如线性检测器。线性检测器采用一个矩阵 W 对接收矢量 Y 进行线性变换，得到

$$\hat{Y} = WY = WHX + Wn \qquad (9-5)$$

然后用 $\hat{Y}$ 的第一个元素判决 x_1，用 $\hat{Y}$ 的第二个元素判决 x_2。

ZF 算法是线性检测算法的一种。线性检测中常用的还有最小均方误差(Minimum Mean SquareError，MMSE)检测。除了以上介绍的检测算法外，还有许多其他检测方法，如基于球形译码的检测算法等。空间复用系统的多个天线用来传输多路数据。在平坦衰落信道环境下，当 $N_r \geqslant N_t$ 时，可以证明系统容量与发射天线数 N_t(即层数)近似成正比。这也是为何许多系统描述中采用层数来表征空间复用 MIMO 系统性能的缘由。详细的推导过程可参考 MIMO 检测的相关资料。

3. 空时预编码

空时预编码技术是一种闭环 MIMO 技术，即接收端通过信道估计获知的信道信息，而后全部或部分反馈给发射端；发射端从反馈信道获取信道信息，对发射信号进行预先编码，以抑制小区间干扰，提高系统容量。例如，在 TD-SCDMA 中，采用波束赋形技术有效抑制了小区间干扰，提高了系统容量；在 LTE、WiMAX 中，基于接收端反馈的量化信道响应信息，通过预编码码本选择，达到了抑制小区间干扰、提高系统容量和简化接收机结构的目的。空时预编码有线性预编码和非线性预编码，非线性预编码具有比线性预编码更好的性能，在高信噪比区域能够逼近 MIMO 信道容量，但比较复杂。

下面以线性预编码为例介绍预编码的基本原理。空时线性预编码的广义系统如图 9-11 所示，其中发射端编码调制后的数据与线性预编码矩阵相乘，送入 MIMO 移动信道，接收到的 MIMO 信号与线性检测矩阵相乘，然后送入解码译码单元。在接收端线性检测单元获得信道估计信息，通过反馈信道向发射端传输信道统计/量化信息，然后发射端进行波束赋形算法，或码本选择，对预编码矩阵进行配置。线性预编码技术可以与空时编码技术进行灵活组合，如图 9-15 中虚框所示。线性预编码包括波束赋形与有限反馈两种技术。下面以波束赋形为例介绍。

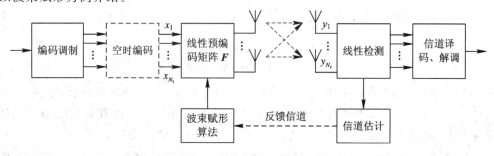

图 9-15　空时线性预编码系统结构

　　波束赋形（又称成形）是指通过将多天线阵列形成的波束主瓣对准目标用户方向，同时将"零陷"（null）对准干扰用户方向，从而提高接收信号信噪比，并有效降低共道干扰（CCI），达到提高系统容量或增大覆盖范围的目的。波束赋形可以看成是一种空间滤波。如图 9 - 12 所示，假设发射端有 N_t 根天线，接收端有 N_r 根天线，则在平坦衰落信道中单载波预编码系统模型可表示为

$$Y = HFX + n \qquad\qquad (9 - 6)$$

式中，X 是发送信号；Y 是对应的接收信号；F 是波束赋形的预编码矩阵；H 是信道响应矩阵；n 是零均值加性白噪声。MIMO 预编码信号的检测方法与所用预编码方法密切相关。按照接收功率最大化准则，对于单个数据流的波束赋形，可得最优的预编码矩阵为

$$F_o = \arg \max_{F} \{ F^H H^H H F \} \qquad\qquad (9 - 7)$$

　　式（9 - 7）表明，F_o 是 $F^H H^H H F$ 最大值。由矩阵知识可知，使式（9 - 7）最大的 F 的解是唯一的，即矩阵 $H^H H$ 的最大值对应的特征值矢量。这种波束赋形方法称为特征波束赋形方法，该方法可得到全局最优解。

　　上述三类 MIMO 技术在提高频谱效率、降低差错率方面各有侧重。空间复用技术与分集技术的综合优化，能够在复用增益与分集增益/编码增益之间达到最优折中；分集技术与预编码技术的联合优化，能够在天线增益与分集增益/编码增益之间达到最优折中。MIMO 技术将多径无线信道与发射、接收视为一个整体进行优化，从而实现高的通信容量和频谱利用率。随着新技术和人们新要求不断出现，MIMO 技术也在进一步发展，具体表现在以下两个方面。

　　1）协同通信

　　MIMO 通信技术能够在不增加带宽的情况下，显著提高系统性能与容量。然而，因视距传播、天线间距等因素引起的天线之间的相关性会使 MIMO 系统性能大大降低。同时，很多移动通信终端节点由于受到设备硬件的限制，只能配备一个天线。这些都限制了MIMO 技术在无线通信网中的应用。为突破这些限制，人们提出了协同通信（Cooperative Communication）技术来提升无线网络性能。协同通信是指用户间可以共享彼此的天线，通过无线中继的方式形成一个虚拟的多天线阵列，从而将单输入单输出（Single-input Single-output，SISO）系统构建成一个虚拟的 MIMO 系统，以获得 MIMO 系统的优点。现有的研究表明：协同通信技术同时兼顾了中继技术和 MIMO 技术的特点，可以增加无线通信系统容量，减小数据传输的中断概率，扩大无线覆盖范围及连通性，减少传输节点的能量消耗。不过，要想构建有效的协同通信系统，涉及的协同策略与协议、协同信号处理以及基于协同通信的网络协议等问题仍有待研究解决。

　　2）分布式 MIMO

　　分散在小区内的多个天线通过光纤、电缆或无线传输方式连接到基站，具有多天线的移动台和分散在附近的基站天线进行通信，与基站建立 MIMO 链路，构成分布式 MIMO 系统。这种系统不仅具有传统分布式天线系统的优势，减小了路径损耗，克服了阴影效应，而且因不同天线与移动台之间形成的不相关信道，带来了信道容量的明显提升，具有较高的系统功率效率。当然，由于基站端的多个天线信号到达移动台的时延不同所引出的同

步、信道估计、信号检测等诸多问题仍有待解决。

9.3.3　MIMO-OFDM 技术

　　MIMO 技术在发送方和接收方都有多副天线，因此可以看成是多天线分集的扩展。它与传统空间分集不同之处在于 MIMO 系统中使用了编码重用技术，除了获得接收分集增益，还可以同时获得可观的发射分集增益和编码增益，但前提是信道必须是平坦衰落。通过在 OFDM 传输系统中采用阵列天线所形成的 MIMO-OFDM 系统，能够充分发挥 OFDM 技术和 MIMO 技术的各自优势，即 OFDM 技术将频率选择性信道转化为若干平坦衰落子信道，在平坦衰落子信道中引入 MIMO 的空时编码技术，能够同时获得空时频分集，大大增加无线系统抗噪声、干扰和多径衰落的容限，进而在有限的频谱上提供更高的系统传输速率和系统容量。研究表明，在衰落信道环境下，OFDM 系统非常适合使用 MIMO 技术来提高容量。LTE 利用 OFDM 技术和 MIMO 技术对频率和空间资源进行了深度挖掘，两者的结合保证了在合理的接收机处理复杂度下，为系统提供更高的频率利用率和数据传输速率。

9.4　LTE 系统的无线接口

9.4.1　LTE 系统的帧结构

　　LTE 系统支持的无线帧结构有两种，分别支持 FDD 和 TDD 模式。

1. FDD 帧结构

　　FDD 帧结构适用于全双工和半双工 FDD 模式。如图 9-16 所示，一个无线帧长度为 10 ms，包含 10 个子帧。每个子帧包含 2 个时隙，每个时隙长度为 0.5 ms。在 FDD 模式中，上下行传输在不同频域进行，因此每一个 10 ms 中，有 10 个子帧可以用于上行传输，有 10 个子帧可以用于下行传输。

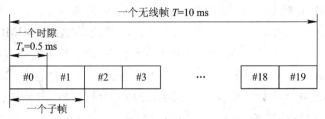

图 9-16　LTE FDD 模式帧结构

2. TDD 帧结构

　　TDD 帧结构适用于 TDD 模式。如图 9-17 所示，每个无线帧由两个半帧构成，每个半帧长度为 5 ms。每个半帧又由 4 个常规子帧和 1 个特殊子帧构成。常规子帧由 2 个长度为 0.5 ms的时隙组成，特殊子帧由 3 个特殊时隙（DwPTS（下行导频时隙）、GP（保护时段）和 UpPTS（下行导频时隙））组成。这样设计的目的是为了实现与图 9-17 最大程度的融合。

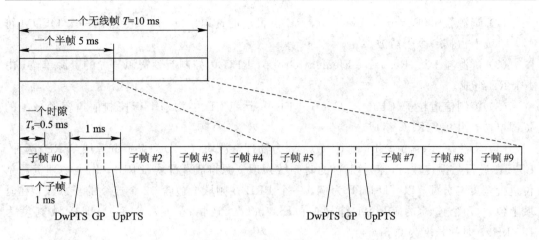

图 9 - 17　LTE TDD 模式帧结构

　　一个常规时隙的长度为 0.5 ms。DwPTS 和 UpPTS 的长度是可配置的，并且 DwPTS、GP 和 UpPTS 的总长度为 1 ms。所有其他子帧包含两个相邻的时隙。TDD 模式支持 5 ms 和 10 ms 的上下行子帧切换周期。具体配置如表 9 - 1 所示，其中 D 表示用于下行传输的子帧，U 表示用于上行传输的子帧，S 表示包含 DwPTS、GP 以及 UpPTS 的特殊子帧。子帧 0 和 5 以及 DwPTS 永远预留为下行传输。GP 用来避免下行信号（延迟到达）对上行信号（提前发送）造成的干扰。

表 9 - 1　上下行子帧切换点配置

上下行配置	切换周期/ms	子 帧 序 号									
		0	1	2	3	4	5	6	7	8	9
0	5	D	S	U	U	U	D	S	U	U	U
1	5	D	S	U	U	D	D	S	U	U	D
2	5	D	S	U	D	D	D	S	U	D	D
3	10	D	S	U	U	U	D	D	D	D	D
4	10	D	S	U	U	D	D	D	D	D	D
5	10	D	S	U	D	D	D	D	D	D	D
6	5	D	S	U	U	U	D	S	U	U	D

9.4.2　LTE 系统的物理资源块

　　频域上，LTE 信号由成百上千个的子载波合并而成，子载波的带宽为 15 kHz。例如，20 MHz 带宽包含 1200 个子载波，5 MHz 带宽包含 300 个子载波，3 MHz 带宽包含 120 个子载波等。每 12 个连续的子载波成为 1 个资源块并占用 1 个时隙，即 0.5 ms。

　　LTE 采用了精细化使用物理资源的思路，针对不同物理信道承载信息量大小差别较大的特点，定义了 5 种粒度的物理资源块，分别是 RE、RB、REG、CCE 和 RBG，如图 9 - 18 所示。

（1）资源粒子（Resource Element，RE）：最小的资源单位，时域上占据一个 OFDM 符号，频域上占据一个子载波。

（2）资源粒子组（Resource Element Group，REG）：控制新到资源分配的资源单位，由 4 个 RE 组成。

（3）控制信道粒子（Channel Control Element，CCE）：物理下行控制信道资源分配的资源单位，由 9 个 REG 组成。

（4）资源块（Resource Block，RB）：分为物理资源块（PRB）和虚拟资源块（VRB）两种。LTE 在进行数据传输时，将上下行的时频域物理资源组成资源块（PRB），作为物理资源单位进行调度与分配。以 TD-LTE 为例，一个 PRB 在频域上包含 12 个连续的子载波，在时域上包含 7 个连续的 OFDM 符号（在 Extended CP 情况下为 6 个），即频域宽度为 180 kHz，时间长度为 0.5 ms。

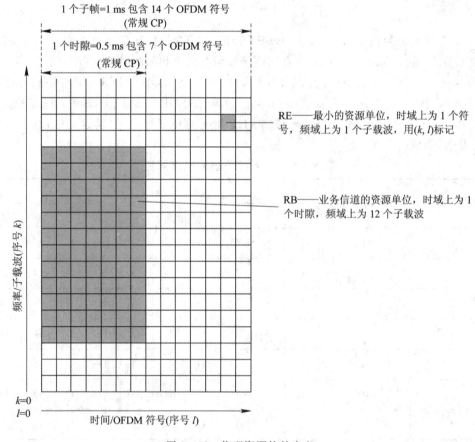

图 9 - 18　物理资源块的定义

（5）资源块组（Resource Block Group，RBG）：业务信道资源分配的资源单位，由一组 RB 组成。

9.4.3　LTE 系统的信道

4G 沿用了 UMTS 里面的三种信道，即逻辑信道、传输信道与物理信道。从协议栈的角度来看，物理信道是物理层的，传输信道是物理层和 MAC 层之间的，逻辑信道是 MAC 层和 RLC 层之间的，它们的含义是：① 逻辑信道：传输什么内容，比如广播信道 (BCCH)，也就是说用来传输广播消息的。② 传输信道：怎样传，比如说下行共享信道 (DL-SCH)，也就是业务甚至一些控制消息都是通过共享空中资源来传输的，它会指定调制和编码方案(Modulation and Coding Scheme，MCS)以及空间复用等，即告诉物理层如何去传输这些信息。③ 物理信道：信号在空中传输的承载，比如 PBCH，也就是在实际的物理位置上采用特定的调制编码方式来传输广播消息。

1. 物理信道

物理层位于无线接口协议的最底层，提供物理介质中比特流传输所需要的所有功能。物理信道可分为上行物理信道和下行物理信道。

4G 定义的下行物理信道主要有以下 6 种类型：

(1) 物理下行共享信道(PDSCH)：用于承载下行用户信息和高层信令。

(2) 物理广播信道(PBCH)：用于承载主系统信息块信息，传输用于初始接入的参数。

(3) 物理多播信道(PMCH)：用于承载多媒体/多播信息。

(4) 物理控制格式指示信道(PCFICH)：用于承载该子帧上控制区域大小的信息。

(5) 物理下行控制信道(PDCCH)：用于承载下行控制的信息，如上行调度指令、下行数据传输、公共控制信息等。

(6) 物理 HARQ 指示信道(PHICH)：用于承载对于终端上行数据的 ACK/NACK 反馈信息，和 HARQ 机制有关。

4G 定义的上行物理信道主要有以下 3 种类型：

(1) 物理上行共享信道(PUSCH)：用于承载上行用户信息和高层信令。

(2) 物理上行控制信道(PUCCH)：用于承载上行控制信息。

(3) 物理随机接入信道(PRACH)：用于承载随机接入信道序列的发送，基站通过对序列的检测以及后续的信令交流，建立起上行同步。

物理信道生成的一般处理流程如图 9-19 和图 9-20 所示。

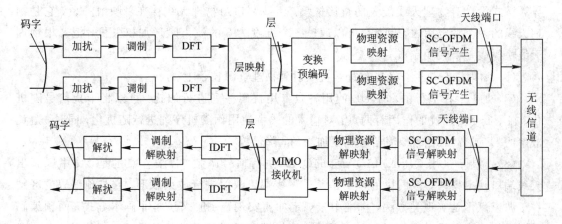

图 9-19　上行物理信道的一般流程图

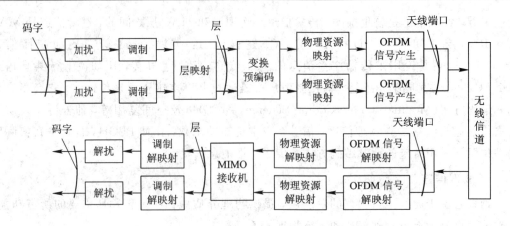

图 9-20　下行物理信道的一般流程图

上行处理过程中各模块作用解释如下：

（1）码字（codeword）：来自上层的业务流进行信道编码之后的数据。在 LTE 标准中，每个码字与来自 MAC 子层的传输块（Transport Block，TB）对应，是 TB 经过信道编码之后的比特流。LTE 支持多个码字传输，每个码字独立进行速率控制，分配独立的 HARQ 请求进程。

（2）层（Layer）：对应于空间复用的空间流，每一个层对应一个预编码映射形成的映射模型，层的符号经过一个预编码矢量映射到发送天线端口。传输的层数称为传输的秩（Rank）。LTE R8 的下行支持 2×2 的基本天线配置，即有 2 层传输。

（3）层映射：将串行的数据流空间化，完成码字数据到层数据的串并转换，即将每个码字（编码和调制后的传输块）解复用到一个或多个层，为后续变换预编码做好准备工作。

（4）变换预编码：将各个层上的数据所组成的矢量按照一定规则映射到天线端口上。LTE 中的开环空间复用、闭环空间复用、闭环传输分集、多用户 MIMO 等 MIMO 传输模式都需要变换预编码操作。

（5）天线端口（Antenna Port）：是一个逻辑上的概念，用于屏蔽 LTE 的 MIMO 设计和导频格式设计对物理天线配置的直接依赖。天线端口与物理天线存在着映射关系，它是物理天线的一个特定用法，例如，可以通过一个维度为 8 的波束赋形加权矢量，把 8 根物理天线映射成一个天线端口。

（6）物理资源映射：将复数符号块映射到物理资源粒子上。

（7）加扰：在上行中，各 UE 使用各自专用扰码序列进行加扰，可以将干扰信号随机化。在下行中，加扰的作用有两点：对输入的码字使用伪随机序列进行随机化；同时，避免成串的"0"或者"1"出现，使信号串更加均匀，降低峰均比。

（8）调制：采用 QPSK/16QAM/64QAM 进行信号调制。需要注意的是，图中未画出天线端口映射模块，该模块的作用是通过天线端口映射进行波束赋形，它与预编码的区别在于波束赋形是实现类方法，标准中未规定如何实现，一般来说是非码本方式；而预编码是通过标准中预设的码本进行编码的。经天线端口后形成的发射信号经过无线信道后，通过一系列逆过程，即可还原输入码字。

2. 传输信道

物理层通过传输信道向 MAC 子层或更高层提供数据传输服务。传输信道描述了数据在无线接口上是如何进行传输的，以及所传输的数据特征。如数据如何被保护以防止传输错误、信道编码类型、CRC 保护或者交织、数据包的大小等。所有的这些信息集就是我们所熟知的"传输格式"。

传输信道也有上行和下行之分。

下行传输信道主要有以下 4 种类型：

(1) 广播信道(BCH)：用于广播系统信息和小区的特定信息。使用固定的预定义格式，能够在整个小区覆盖区域内广播。

(2) 下行共享信道(DL-SCH)：用于传输下行用户控制信息或业务数据。能够使用HARQ；能够通过各种调制模式、编码和发送功率来实现链路适应；能够在整个小区内发送；能够使用波束赋形；支持动态或半持续资源分配；支持终端非连续接收以达到节电目的；支持 MBMS 业务传输。

(3) 寻呼信道(PCH)：当网络不知道 UE 所处小区位置时，用于发送给 UE 的控制信息。能够支持终端非连续接收以达到节能目的，能够在整个小区覆盖区域发送，映射到用于业务或其他动态控制信道使用的物理资源上。

(4) 多播信道(MCH)：用于 MBMS 用户控制信息的传输。能够在整个小区覆盖区域发送，对于单频点网络支持多小区的 MBMS 传输的合并，使用半持续资源分配。

4G 定义的上行传输信道主要有以下 2 种类型：

(1) 上行共享信道(UL-SCH)：用于传输上行用户控制信息或业务数据。能够使用波束赋形，具有通过调整发射功率、编码和潜在的调制模式适应链路条件变化的能力，能够使用 HARQ；动态或半持续资源分配。

(2) 随机接入信道(RACH)：能够承载有限的控制信息，例如在早期连接建立的时候或者 RRC(Radio Resource Control)状态改变的时候。

3. 逻辑信道

逻辑信道定义了传输的内容。MAC 子层使用逻辑信道与高层进行通信。逻辑信道通常分为两类：用来传输控制平面信息的控制信道和用来传输用户平面信息的业务信道。而根据传输信息的类型又可划分为多种逻辑信道类型，并根据不同的数据类型，提供不同的传输服务。4G 定义的控制信道主要有如下 5 种类型：

(1) 广播控制信道(BCCH)。该信道属于下行信道，用于传输广播系统控制信息。

(2) 寻呼控制信道(PCCH)。该信道属于下行信道，用于传输寻呼信息和改变通知消息的系统信息。当网络侧没有用户终端所在小区信息的时候，使用该信道寻呼终端。

(3) 公共控制信道(CCCH)。该信道包括上行和下行，当终端和网络间没有 RRC(RadioResource Management)连接时，终端级别控制信息的传输使用该信道。

(4) 多播控制信道(MCCH)。该信道为点到多点的下行信道，用于 UE 接收 MBMS 业务。

(5) 专用控制信道(DCCH)。该信道为点到点的双向信道，用于传输终端侧和网络侧存在 RRC 连接时的专用控制信息。

4G 定义的业务信道主要有以下 2 种类型：

（1）专用业务信道（DTCH）。该信道可以为单向的也可以是双向的，针对单个用户提供点到点的业务传输。

（2）多播业务信道（MTCH）。该信道为点到多点的下行信道。用户可使用该信道来接收 MBMS 业务。

4. 信道的映射关系

MAC 子层使用逻辑信道与 RLC 子层进行通信，使用传输信道与物理层进行通信。因此 MAC 子层负责逻辑信道和传输信道之间的映射。

1）逻辑信道至传输信道的映射

4G 的映射关系比 UTMS 简单，上行的逻辑信道全部映射在上行共享传输信道上传输；下行逻辑信道的传输中，除 PCCH 和 MBMS 逻辑信道有专用的 PCH 和 MCH 传输信道外，其他逻辑信道全部映射到下行共享信道上（BCCH 的一部分在 BCH 上传输）。具体的映射关系如图 9-21 所示。

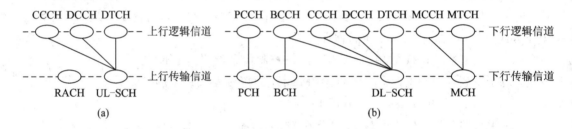

图 9-21　逻辑信道到传输信道的映射关系

(a) 上行；(b) 下行

2）传输信道至物理信道的映射

上行信道中，UL-SCH 映射到 PUSCH 上，RACH 映射到 PRACH 上。下行信道中，BCH 和 MCH 分别映射到 PBCH 和 PMCH，PCH 和 DL-SCH 都映射到 PDSCH 上。具体映射关系如图 9-22 所示。

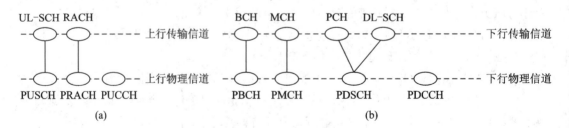

图 9-22　传输信道到物理信道的映射关系

(a) 上行；(b) 下行

9.4.4　LTE 系统的物理信号

LTE 系统中的物理信号不承载任何来自高层的信息，它包括下行同步信号（Synchronization Signal)、下行参考信号(Reference Signal，RS)和上行参考信号三种。其中同步信号用于 UE 实现下行同步，同时识别物理小区 ID，并对小区信号进行解扰；下行参考信号实现导频功能，并用于下行信道的质量检测、下行信道估计，以实现 UE 端的相干检测、解调及小区搜索；上行参考信号用于数据解调和信道探测。

1. 下行同步信号

同步信号用于小区搜索过程中 UE 和 E-UTRAN 的时频同步，包含两个部分：

(1) 主同步信号(Primary Synchronization Signal，PSS)：用于符号定时对准、频率同步以及部分的小区 ID 检测。

(2) 次同步信号(Secondary Synchronization Signal，SSS)：用于帧定时对准、CP 长度检测以及小区组 ID 检测。

在 LTE 中，TDD 和 FDD 的同步信号的位置不同，如图 9-23 所示。

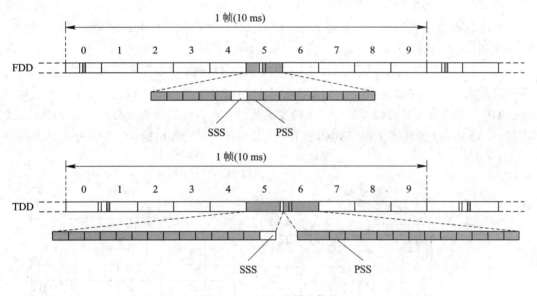

图 9-23　LTE 的同步信号

LTE 中的同步信号在频域上只占用全系统带宽中间的 62 个子载波，两端各留 5 个子载波的保护带。同步信号在每个无线帧中出现两次。

1) LTE FDD 的下行同步信号

同步信号只在每个 10 ms 帧的第 1 个和第 11 个时隙中传送。主同步信号处于传送时隙的最后一个符号，次同步信号位于传送时隙的倒数第二个符号。

2) TD-LTE 的下行同步信号

(1) PSS：主同步参考信号，每 5 ms 发送一次，每次发送的 PSS 完全相同，位置在 DwPTS 的第 3 个 OFDM 符号。PSS 只有 3 组，长度为 62，每组对应一个 $N_{ID}^{(2)}$，用于小区搜索和同步。

(2) SSS：次同步参考信号，5 ms 发送一次，每间隔 10 ms 发送的 SSS 完全相同，位置在 1 号时隙的倒数第二个符号(TDD)。SSS 有 168 组，长度为 62，每组对应一个 $N_{ID}^{(1)}$，用于小区搜索和同步。

通过识别 PSS 和 SSS 的序号，UE 可以计算出物理小区 ID，进而对小区的信号进行解扰。由于 LTE 采用同频组网，因此需要对下行的信号进行加扰。加扰用的扰码由小区配置的物理小区 ID 决定，范围是 0～503。504 个物理小区 ID 可以在小区间重复使用。基站对配置的物理小区 ID 进行模 3 运算后，结果分为两个部分，商值称为 $N_{ID}^{(1)}$，范围是 0～167；余数称为 $N_{ID}^{(2)}$，范围是 0～2。

2. 上行参考信号

上行参考信号主要分为两种，一种是用于解调的数据解调参考信号(DeModulation ReferenceSignal，DMRS)，另一种叫信道探测参考信号(Sounding Reference Signal，SRS)。

1) 数据解调参考符号

上行 DMRS 主要用于上行信道估计，即 eNodeB 进行相干检测和解调时使用。此外，DMRS 还用于上行信道质量测量。

由于 LTE 上行信道采用 SC-FDMA 技术，因此 DMRS 和数据是采用 TDM 方式复用在一起的。实际上，在上行信道中由于不同 UE 的信号在不同的频带内发送，因此，如果每个 UE 的参考符号是在该 UE 的发送带宽发送的，则这些参考符号自然是以 FDM 方式正交的。图 9-24 给出了上行 DMRS 在常规 CP 情况下的时频结构，DMRS 处于时隙的第 4 个符号上，上行 DMRS 占满 UE 所有的发射带宽。

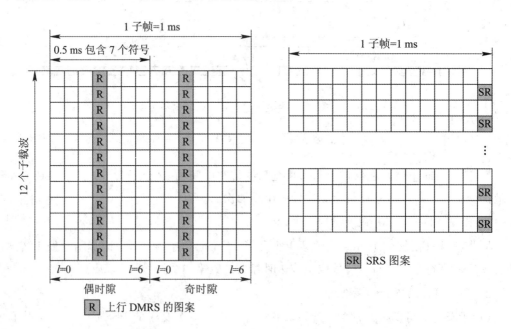

图 9-24 上行参考符号图案

2) 信道探测参考信号

SRS 为了支持频率选择性调度，需要 UE 对较大带宽进行探测，通常远远超过其实际传输数据的带宽。因此，上行 SRS 开销可能很大，为了尽量降低开销，显然应该选用分布式的 RS，采用动态（而不是静态的）传送方式，即信道探测（Sounding）的带宽不是一个固定的值（由 eNodeB 根据系统带宽灵活制定）。信道探测带宽是 RB 的整数倍，可能的选项从 1.4～10 MHz 可变。图 9-22 给出了 SRS 的时频结构。从图中可以看出，SRS 放置在一个子帧的最后一个符号中，SRS 的频域间隔为 2 个等效子载波。UpPTS 是个例外，在 UpPTS 长度为 2 个符号的情况下，2 个符号都可以配置用于 SRS，所以支持 3 种情况的传输：在 UpPTS 第一个/第二个/全部两个符号上传输 SRS。

3. 下行参考信号

下行参考信号由已知的参考信号构成，以 RE 为单位，即一个参考信号占用一个 RE，LTE 设计下行参考符号主要用于三种目的，即下行信道质量测量、下行信道估计（UE 进行相干检测和解调）和小区搜索。在 LTE 空中接口标准中，设计了 3 种下行参考信号，分别为小区特定（Cell Specific）参考符号、MBSFN（Multicast Broadcast Single Frequency Network）参考符号和用于波束赋形的 UE 特定（UE Specific）参考符号。

以 TD-LTE 为例，小区特定参考符号在天线端口 0～3 中的一个或者多个端口上传输，每一个下行天线端口上传输一个参考符号。为了避免同一个基站不同发射天线之间参考符号与数据的干扰，在某一个天线的参考符号位置上，同一个基站的其他天线空出相应的时频资源，如图 9-25(a)所示。

LTE R8 共设计了三种参考信号，其中小区特定参考信号（Cell-Specific Reference Signal）为必选，另外两种参考信号（MBSFN Specific 和 UE-Specific）为可选。小区特定参考信号是小区特有的参考信号，与小区 ID 数值 N_{ID}^{cell} 有关，其中 $N_{ID}^{cell} = 3 \times N_{ID}^{(1)} + N_{ID}^{(2)}$ 频域上每隔 6 个子载波有一个 RS。小区特定参考符号用于信道估计。小区特定参考信号的特定为：

(1) 类似于 CDMA 的导频信号，下行 RS 用于下行物理信道解调及信道质量测量（CQI）。

(2) RS 分布越密集，信道估计越精确，但开销越大，影响系统容量，在开销与性能之间权衡。LTE 选择了在某一天线端口上 RS 的频域间隔为 6 个子载波。

(3) 小区特定参考信号由小区特定参考信号序列及频移映射得到，RS 是离散的分布于时频域上传播的伪随机序列，相当于对信道的时频域特性进行采样。

MBSFN 参考符号只在分配给 MBSFN 传输的子帧中传输。MBSFN 参考符号在天线端口 4 上传输，而且仅定义了采用扩展 CP 情况下的 MBSFN，图 9-25(b)所示给出了 MBSFN 参考符号图案。

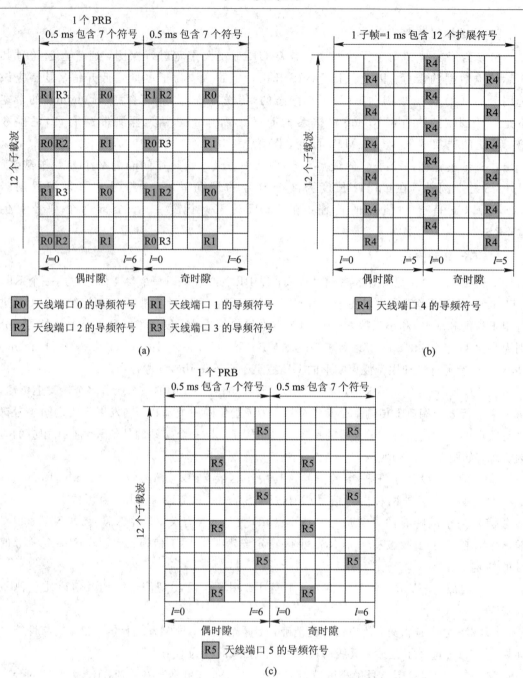

图 9-25　小区特定参考信号在时频域的位置示意图

UE 特定参考符号用于支持单天线端口的 PDSCH 传输。UE 特定参考符号在天线端口 5 上传输。UE 将被告知是否存在 UE 特定参考信号，以及是否是一个有效的相位参考。如果高层信令通知 UE 存在 UE 特定参考信号，并且是有效 PDSCH 解调相位参考，UE 可以忽略天线 2 和天线 3 上的任何传输。UE 专用参考符号仅仅在 PDSCH 相对应的资源块中传输，如图 9-25(c)所示。

9.5 LTE-Advanced 系统的增强技术

LTE-Advanced 是 3GPP 为了满足 ITU IMT-Advanced(4G)的需求而推出的 LTE 后续演进技术标准，其出发点是将 LTE 升级至 4G 而无须改变 LTE 标准的核心，只需在 LTE R8 版本基础上进行扩充、增强和完善。LTE-Advanced 系统要求对 LTE 保持后向兼容，但在数据速率、网络时延和频谱效率等方面有更高的要求，因此，LTE-Advanced 系统需要支持 LTE 的全部功能，并引入新技术来实现新场景下的系统运营。为了满足 LTE-Advanced的技术需求，人们引入了载波聚合、增强的上下行 MIMO、中继和协作式多点传输等增强技术，以显著提高无线通信系统的峰值数据速率、峰值谱效率、小区平均谱效率及小区边缘用户性能，改善小区边缘覆盖和平衡上/下行业务性能，提供更大带宽。

9.5.1 载波聚合技术

1. 技术原理

ITU IMT-Advanced 系统要求的最大带宽不小于 40 MHz，考虑到现有的频谱分配方式和规划，无线频谱已经被 2G、3G 以及卫星等通信系统所大量占用，很难找到足以承载 IMT-Advanced 系统宽带的整段频带，同时也面临着如何有效地利用现有剩余离散频段的问题。虽然 LTE 支持最大 20 MHz 的多种传输带宽，但为了支持更高的峰值速率，例如下行 1 Gb/s，传输带宽需要扩展到 100 MHz。基于这样的现实情况，3GPP 在 LTE-Advanced中开始使用载波聚合技术，用来解决系统对频带资源的需求，也为了更好地兼容 LTE 现有标准、降低标准化工作的复杂度以及支持灵活的应用场景。

载波聚合(Carrier Aggregation，CA)通过联合调度和使用多个成员载波(Component Carrier，CC)上的资源，使得 4G 系统可以支持最大 100 MHz 的带宽，从而能够实现更高的系统峰值速率。在 3GPP 发布的 LTE R10 版本中，将可配置的系统载波定义为成员载波，每个成员载波的带宽都不大于之前 LTE R8 系统所支持的上限(20 MHz)。为了满足峰值速率的要求，组合多个成员载波，允许配置带宽最高可高达 100 MHz，实现上下行峰值目标速率分别为 500 Mb/s 和 1 Gb/s，与此同时为合法用户提供后向兼容。

按照频谱的连续性，载波聚合可以分为连续载波聚合与非连续载波聚合；按照系统支持业务的对称关系，分为对称载波聚合与非对称载波聚合。LTE 系统和 LTE-Advanced 系统支持不对称业务(UL 与 DL 数量不同)时的载波聚合为非对称载波聚合。图 9-26 示意了 LTE-Advanced 系统的上行链路和下行链路要聚合不同带宽"LTE 载波单元"。图 9-27 示意了连续载波聚合方式与非连续载波聚合方式。5 个连续的 20 MHz 频带聚合成一个 100 MHz 带宽，两个不连续的 20 MHz 频带聚合成一个 40 MHz 的带宽。相邻频带的聚合的典型应用场景是：低端终端的接收带宽小于系统带宽，此时，系统应支持小带宽终端工作，需要保持完整的窄带工作方式；但对于那些接收带宽较大的高端终端，则可以将多个相邻的窄带整合为一个较宽频带，进行统一的基带处理。而离散多频带的整合主要是为了将分配给运营商的多个较小的离散频带联合起来，用作一个较宽的频带，对于 OFDM 系统，这种离散载波聚合可以在基带层面通过插入"空白子载波"来实现。

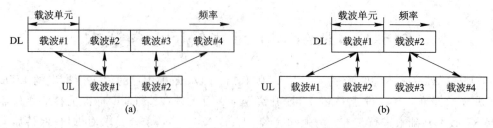

图 9 - 26　非对称 DL/UL 载波聚合参考模型示意图
(a) 情形 1；(b) 情形 2

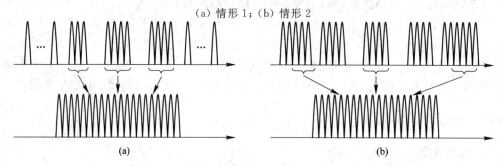

图 9 - 27　连续载波与非连续载波频谱聚合操作示意图
(a)连续频谱聚合；(b)离散频谱聚合

2. 技术特点

(1) 成员载波的带宽不大于 LTE 系统所支持的上限(20 MHz)。

(2) 成员载波可以频率连续，也可以非连续，可提供灵活的带宽扩展方案。

(3) 支持最大 100 MHz 带宽，系统/终端最大峰值速率可达 1 Gb/s。

(4) 提供跨载波调度增益，包括频率选择性增益和多服务队列联合调度增益。

(5) 提供跨载波干扰避免能力，频谱充裕时可以有效减少小区间干扰。

3. 应用场景

载波聚合可以有效地支持异构网中不同类型的成员载波，使频谱资源的利用更加灵活。成员载波有三种不同的类型：

1）后向兼容载波

LTE R8 用户设备也可以接入这种载波类型，不需要考虑标准的版本。这种载波支持现有的 LTE R8 技术特征。

2）非后向兼容载波

只有 LTE-Advanced 用户可以接入这种类型的载波。这种载波支持先进的技术特征，比如 LTE R8 用户不可用的不受控制的操作(Control-less Operations)或者锚定载波的概念(锚定载波是具有特殊功能的成员载波，引导用户搜索 LTE-Advanced 小区，并加快用户与 LTE-Advanced 小区的同步)。

3）扩展载波

这种类型的载波用作其他载波的延伸。例如，当存在来自于宏蜂窝的高干扰时，用来为家庭 eNodeB 提供业务。

9.5.2　增强多天线技术

增强多天线技术是满足 LTE-Advanced 峰值谱效率和平均谱效率提升需求的重要途径

之一，根据天线部署形态和实际应用情况可以采用发射分集、空间复用和波束赋形三种不同的 MIMO 实现方案。例如，对于大间距非相关天线阵列可以采用空间复用方案同时传输多个数据流，实现很高的数据速率；对于小间距相关天线阵列，可以采用波束赋形技术，将天线波束指向用户，减少用户间干扰。对于控制信道等需要更好地保证接收正确性的场景，选择发射分集是比较合理的。LTE R8 版本支持下行最多 4 个天线的发送，最大可以空间复用 4 个数据流的并行传输，在 20 MHz 带宽的情况下，可以实现超过 300 Mb/s 的峰值速率。在 LTE R10 中，下行支持的天线数目将扩展到 8 个。相应地，最大可以空间复用 8 个数据流的并行传输，峰值频谱效率提高一倍，达到 30 $(b/s)Hz^{-1}$。同时，在上行也将引入 MIMO 的功能，支持最多 4 个天线的发送，最大可以空间复用 4 个数据流，达到 16 $(b/s)Hz^{-1}$ 的上行峰值频谱效率。

1. 先进的上行多天线技术

LTE-Advanced 上行除了需要考虑更多天线数配置外，还需要考虑上行低峰均比的需求和每个成员载波上的单载波传输的需求。对上行控制信道而言，容量提升不是主要需求，多天线技术主要用来进一步优化性能和网络覆盖量，因此只需要考虑发射分集方式。经过评估，对采用码分的上行控制信道（PUCCH），采用了 SORTD（Spatial Orthogonal Resource Transmit Diversity）的发射分集方式，即在多天线上采用互相正交的码序列对信号进行调制传输。对上行业务信道而言，容量提升是主要需求，多天线技术需要考虑空间复用。同时，由于发射分集相对于更为简单的开环秩为 1 预编码并没有性能优势，因此标准最终确定上行业务信道不采用发射分集，对小区边界的用户等可以直接采用开环秩为 1 预编码。与 LTE 一样，LTE-Advanced 的上行参考信号也包括用于信道测量的 SRS 和用于信号解调的 DMRS。由于上行空间复用及多载波的采纳，单个用户使用的上行 DMRS 需要改进，最直接的方式就是在 LTE 上行 RS 使用的 CAZAC（Const Amplitude Zero Auto-Corelation）码循环移位（Cyclic Shift）的基础上，不同数据传输层的 DMRS 使用不同的循环移位。还有一种是在时域的多个 RS 符号上叠加正交码（Orthogonal Cover Code, OCC）来扩充码复用空间。对于 SRS 信号，为了支持上行多天线信道测量及多载波测量，资源开销相对于 R8-SRS 信号同样需要扩充，除了沿用 R8 周期性 SRS 发送模式以外，LTE-Advanced 还增加了非周期 SRS 发送模式，由 NodeB 触发 UE 发送，以实现 SRS 资源的补充。

2. 先进的下行多天线技术

LTE-Advanced 采用了 8 个发射天线、最大支持 8 层的下行多天线发送技术，以便支持高端用户终端。8 个发射天线的多天线技术有利于提高边缘小区的峰值数据速率，比如通过空分复用增益的室内设施，还可以通过波束赋形和 MIMO 预编码增益来增加网络覆盖量。因为增加传输层数，需要考虑更大尺寸的码本。LTE-Advanced 下行业务信道的传输可以采用专用参考信号，因此原则上下行发送既可以基于码本也可以基于非码本。同时，对于闭环 MIMO，为了减小反馈开销，采用基于码本的 PMI 反馈方式。针对近距离跨极化方式的天线布置方式，LTE-Advanced 采用了双预编码矩阵码本（Dual-index Precoding Codebook）结构，即把码本矩阵用两个矩阵的乘积表示，通常两个矩阵中的一个是基码本，另一个是根据子信道变化特征在基码本上的修正。为了进一步减小反馈开销，新码本还可根据信道的变化快慢不同的统计特征分别进行长周期反馈（如空间相关性）和短周期反馈（如快衰落因素）。LTE-Advanced 采用用户专用参考信号的方式来进行业务信道的传输，同一用户业务信道的不同层使用的参考信号以 CDM＋FDM（码分复用＋频分复用）的方式相互正交。为了测量最多八层信道，除了原来的公共参考信号（Common RS）外，还引入了信道状态指示参考信号（Channel State Indication RS，CSI-RS），CSI-RS 在时域可以设置得比较稀疏，各天线端口的 CSI-RS 以 CDM＋FDM 的方式相互正交。LTE-Advanced 下行链路支持先进的多用户 MIMO 技术，通过空间复用来提高网络容量，用户终端会收到多达2 个空间层。先进的多用户 MIMO 技术通过开发了多用户分集增益和联合信号处理增益来减少多用户流间的干扰，增加高人口密度的城市地区的容量，同时也能做到性能和复杂度之间的较好折中，是满足 ITU-R 对城市的微蜂窝和宏蜂窝频谱效率和边缘频谱效率要求的关键技术。

9.5.3　中继技术

为了能够为整个网络提供更大的网络覆盖和容量、快速灵活的部署，降低运营商的设备投资和维护成本，国际、国内的主要标准化组织和研究项目纷纷开展了对中继技术的研究和标准化。在中继节点（RN）的帮助下，基站（eNB）与用户（UE）之间的无线链路被分为两跳。基站（也称为宿主基站 DeNB）与 RN 之间的链路称为回程链路（Backhaul Link），而RN 与 UE 之间的链路称为接入链路（Access Link）。RN 具有双重特性，一方面，它像 UE一样与 DeNB 通信；另一方面，它像 DeNB 一样与 UE 通信。图 9-28 给出了 RN 在蜂窝中工作的示意图。中继器主要分为两种类型：放大转发和译码转发。放大转发中继（中继器）的作用是放大并转发接收到的模拟信号。对于 UE 和 DeNB 而言，这类中继器是透明的。因为中继器放大噪声和干扰在内的所有接收信号，所以它只能用于大信噪比（SNR）的环境下。译码转发中继的作用是对接收信号进行解码，重新编码后转发给接收者。这类中继器不放大噪声和干扰，可以用于低信噪比的环境下。译码转发中继可使回程链路和接入链路采用不同的数据速率及时序安排。如果一个 DeNB 中的两个或多个 RN 空间隔离，接入链路中的无线资源可以复用，从而提高系统容量。然而，相对于放大转发中继，译码转发操作会引入较大的时延。

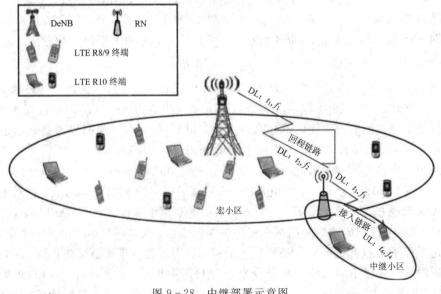

图 9-28　中继部署示意图

中继传输会对它自己的接收机造成干扰，如果不给输入与输出信号之间提供充分的隔离，回程链路与接入链路不可能同时传输。隔离的方法包括：

(1) 可用频带的频率复用(又叫作带外中继)。

(2) 中继天线空间隔离(又叫作带内全双工中继)。

(3) 接入和回程子帧时间复用(又叫作带内半双工中继)。

带外中继操作不会对 LTE 协议下层造成任何改变，不需要任何空中接口改变就可支持这种中继，但需要额外的 LTE 载波。

带内中继操作需要在时间或空间分隔回程链路和接入链路，接入链路与回程链路的空间分隔可以通过仔细规划和部署获得(如通过有效的天线隔离)，在有效空间隔离情况下，回程链路和接入链路可同时工作，可以获得全双工中继。

时间分隔意味着，在某一时刻的下行链路(DL)载波频率上，RN 要么在接入链路上发送，要么在回程链路上接收。同样，在某一时刻的上行链路(UL)载波频率上，RN 要么在接入链路上接收，要么在回程链路上发送。这意味着 RN 工作于半双工模式。从图 9-26 中可以看出，时间复用暗含：$f_1 = f_3$ 和 $f_2 = f_4$，同时，$t_1 \neq t_3$ 和 $t_2 \neq t_4$。中继回程技术的改进包括：先进的 QoS 管理、载波聚合用于回程、先进的 MIMO 技术、中继控制信道的提高、头压缩以及对移动中继的支持等。由于架设的环境(如室内、屋顶、街灯柱等)不同，中继节点特别容易受到故意破坏和其他的恶意活动的攻击，因此需要额外的安全措施。为确保安全，中继节点与网络之间通过使用认证和密钥一致协议(AKA)来实现相互认证。

9.5.4　协作式多点传输技术

协作多点(Coordinated Multiple Point，CoMP)传输是指协调的多点发射/接收技术，这里的多点是指地理上分离的多个天线接入点。协作多点传输的主要目的是通过联合处理把干扰变为有用信号，从而有效提高小区边缘吞吐量和小区平均吞吐量。目前传统的网络拓扑结构中，基站的交界区域存在干扰和覆盖质量下降的问题，导致终端在小区切换部位的性能较差。而 CoMP 技术利用光纤连接的基站或天线站点协作地为用户服务，拉近天线和用户的距离，可以使几个小区同时对小区结合部进行覆盖，这样就可以提高小区边缘的通信质量，解决现有移动蜂窝单跳网络中的单小区单站点传输对系统频谱效率的限制。LTE-Advanced 网络的一个配置倾向是将部分基站的功能转移到基带单元(BBU)和远程无线节点(RRH)。RRH 负责所有的射频操作(RF)，即变频、滤波、功放等。BBU 一般配置在技术间(建筑的地下室)，而 RRH 一般离天线很近，距离 BBU 约几百米。它们都通过光纤连接。除了抑制线路损耗(因为功放直接与天线相连)，这种方式让 BBU 可以配置在相同的位置，因此减少了选址和维护费用。而且，地理上分开的 RRH 如果受到相同地址的 BBU 控制，中心 BBU 可以联合处理若干无线地址的操作，并可得到 BBU 之间低延迟的协调信息交互。因此，RRH 配置便于 CoMP 技术中实现多点快速协调。CoMP 功能的应用很大程度上依赖于回程特性(延迟和容量)，它制约了 CoMP 处理的类型和相应的性能。

根据不同的网络拓扑和回程特性，3GPP 对 CoMP 的研究着眼于以下几个场景：

(1) 被相同宏蜂窝基站服务的小区间协调(不需要回程连接)。

(2) 同一个宏蜂窝网络中，属于不同无线地址的小区间协调。

（3）宏蜂窝与该宏蜂窝范围内低功耗收发点之间的协调，每个点控制它自己的小区（与宏蜂窝具有不同的标识）。

（4）除了由低功耗收发点以 RRH 形式组成的宏蜂窝的分布式天线外，其他配置方式与前一个相同，该场景与宏蜂窝特性相关（具有共同的标识）。

图 9 - 29 给出了协作多点通信系统原理示意图。实际上，CoMP 技术可以被分为上行 CoMP 和下行 CoMP。对于上行 CoMP，一个用户终端（UE）发送的信号被多个基站接收，UE 并不需要知道信号是如何被基站接收和处理的，只需要知道与上行信令有关的下行信令信息。由于下行 CoMP 的应用比上行 CoMP 应用更广泛一些，下行 CoMP 得到更多的关注。

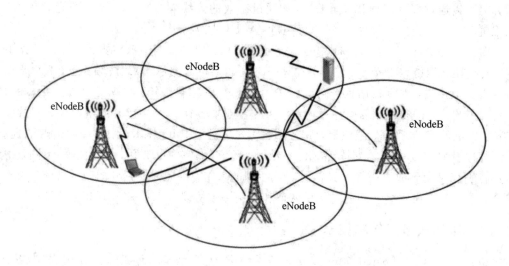

图 9 - 29　协作多点通信系统原理示意图

1. 下行 CoMP

在下行 CoMP 中，很多基站以协同的方式向用户设备发送信号，就好像是一个带有在物理上分散的多天线的发送者一样。如图 9 - 30 所示，多个基站组成簇（可以是灵活的，也可以是简单固定的）来协作它们之间的下行传输。下行 CoMP 可分为协作调度和联合调度。

1）协作调度（Coordinated Scheduling）/协作波束赋形（Coordinated Beamforming）

协作调度是指一个用户只被一个基站服务，传给特定用户的数据只来自该用户所在服务小区的基站，但相应的调度和发射权重等需要小区间进行动态信息交互和协调，以尽可能减少多个小区的不同传输之间的互干扰。用户的数据信息不共享，但是信道信息却在协作集合内的不同小区间共享。协作波束赋形是指通过信道状态信息预编码发送信号，从而消除不同小区间用户下行链路信道的干扰。波束赋形预编码在簇内的每个基站上以一个分布式的联合方式使用。

2）联合传输（Joint Transmission）

联合传输是指协作的多个基站（也称协作簇）对用户数据进行联合处理，以消除基站间的干扰。协作簇内的基站不仅需要共享信道信息，还需要共享用户的数据信息。整个协作簇同时服务一个或多个用户。为了提高联合传输的系统性能，数据在不同的基站同步发送。联合传输有两种选择：

（1）非相干传输（Non-CoherentTransmission）。这种方法通过在用户设备接收端的纯信号功率增加来获得增益，需要基本的信道状态信息来支持算法的决策和一定程度的时间同步，这与处理多径时延无线电干扰的容量相关。这种方法的主要优点就是不需要相位同步。

（2）相干传输（Coherent Transmission）。这种方法可以很好地利用信道状态信息和额外的物理层资源块（它就是能够分配给用户设备无线资源的最大值，包括 OFDM 符号中的一些子载波）分配来最大化用户设备接收到的来自很多基站的信号。用户设备可以在符号层把接收到的信号进行相干合并。为了使用这种技术，需要对真实信道状态信息进行一个很高的定义，还有一个簇中基站间的严格时间和相位同步。这个技术可以被认为是一种先进的分布式 MIMO 技术。

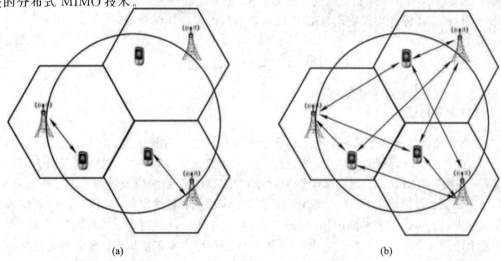

图 9 - 30　下行 CoMP 的应用场景
（a）协作调度/波束赋形（b）联合传输/处理

2. 上行 CoMP

在上行 CoMP 中，用户设备上行信号接收的信号是来自多小区的信号，这些信号分布在控制用户设备接入无线资源的基站周围。这种技术采用了协同多个基站的调度程序与接收信号分析的机制。上行 CoMP 的一个主要优势是，它可以在不影响现有用户设备规格的情况下进行设计，对无线接口没有任何改动，不涉及标准化。可能的应用包括将同样的 PRBs 分配给多个用户设备单元。这个例子与上行多用户 MIMO 类似，但是有多个基站接收用户设备的信号。对接收信号进行分析的方法包括：

（1）相干接收（Coherent Reception）。利用相干接收，在一个中心接收器中把基站接收到的信号进行合并。

（2）非相干接收（Non-Coherent Reception）。对上行信道和用户信号的多重接收有一个集中调度程序。

第 10 章　5G 移动通信系统

　　尽管 4G 提供了更宽的带宽、更广的覆盖率和更高的传输容量，并在移动数据业务和多媒体应用等方面的性能和灵活性得到明显改善，但随着物联网、车联网、移动医疗、工业自动化、智慧城市等新兴领域出现，用户终端类型、业务类型及通信场景将呈现复杂多样的特点。因此，在 4G 开始走向商用之时，5G 的研究也列上了人们的议事日程。本章对 5G 技术目标、5G 标准协议制定、5G 中的各种新技术进行详细介绍。

10.1　5G 概 述

10.1.1　5G 的技术目标

　　5G 典型场景涉及未来人们居住、工作、休闲和交通等各种区域，特别是密集住宅区、办公室、体育场、露天集会、地铁、快速路、高铁和广域覆盖等场景。这些场景具有超高流量密度、超高连接数密度、超高移动性等特征，可能对 5G 系统构成挑战。在这些场景中，考虑增强现实、虚拟现实、超高清视频、云存储、车联网、智能家居、OTT 消息等 5G 典型业务，并结合各场景未来可能的用户分布、各类业务占比及对速率、时延等的要求，可以得到各个应用场景下的 5G 性能需求。5G 关键性能指标主要包括用户体验速率、连接数密度、端到端时延、流量密度、移动性和用户峰值速率，需要不同于 4G 的新的性能指标，具体见表 10 - 1。

表 10 - 1　5G 性能指标

名　　称	定　　义	单　位	条　件
用户体验速率	真实网络环境中，在有业务加载的情况下,用户实际可获得速率	b/s	可用性：通常取 95％ 概率（注：不同场景对应不同的用户体验速率）
流量密度	单位面积的平均流量	Mb/s/m²	忙时，地理面积
连接数密度	单位面积上支持的各类在线设备总和	个/km²	连接定义为能够达到业务 QoS 的状态下的各类设备
时延（端到端）	对于已经建立连接的收发两端，数据包从发送端产生，到接收端正确接收的时延	ms	基于一定的可靠性（成功通信的概率）
移动性	在特定移动场景下达到一定用户体验速率的最大移动速率	km/h	特定场景：地铁、快速路、高铁
用户峰值速率	单用户理论峰值速率	b/s	参考典型用户峰值速率与体验速率之比计算得到(10661)

移动通信网络在应对移动互联网和物联网爆发式发展的时候，面临着以下问题：能耗、每比特综合成本、部署和维护的复杂度难以高效应对未来千倍业务流量增长和海量设备连接；多制式网络共存造成了复杂度的增长和用户体验下降；现网在精确监控网络资源和有效感知业务特性方面的能力不足，无法智能地满足未来用户和业务需求多样化的趋势；此外，无线频谱从低频到高频跨度很大，且分布碎片化，干扰复杂。应对这些问题，需要从如下两方面来提升 5G 系统能力，以实现可持续发展。

一是在网络建设和部署方面，5G 需要提供更高的网络容量和更好的覆盖，同时降低网络部署，尤其是超密集网络部署的复杂度和成本；5G 需要具备灵活可扩展的网络架构以适应用户和业务的多样化需求；5G 需要灵活高效地利用各类频谱，包括对称和非对称频段、重用频谱和新频谱、低频段和高频段、授权和非授权频段等；另外，5G 需要具备更强的设备连接能力来应对海量物联网设备的接入。

二是在运营维护方面，5G 需要改善网络能效，以应对未来数据迅猛增长和各类业务应用的多样化需求；5G 需要降低多制式共存、网络升级以及新功能引入等带来的复杂度，以提升用户体验；5G 需要支持网络对用户行为和业务内容的智能感知并做出智能优化；同时，5G 需要能提供多样化的网络安全解决方案，以满足各类移动互联网和物联网设备及业务的需求。

频谱利用、能耗和成本是移动通信网络可持续发展的 3 个关键因素。为了实现可持续发展，5G 系统相比 4G 系统在频谱效率和能源效率方面需要得到显著提升。具体来说，频谱效率需提高 3 倍以上，能源效率需提高百倍以上，新的效率指标见表 10 - 2。

表 10 - 2　5G 效率指标

名　称	定　义	单　位
平均频谱效率	每小区或单位面积内，单位频谱提供的吞吐量	b/s/Hz/cell（或 bit/s/Hz/km²）
能耗效率	每焦耳能量能传输的比特	b/J

5G 需要具备比 4G 更高的性能，支持 0.1~1 Gb/s 的用户体验速率，每平方公里 100 万的连接数密度，毫秒级的端到端时延，每平方米 10 Mb/s 以上的流量密度，每小时 500 km 的移动性和 10 Gb/s 以上的峰值速率。其中，用户体验速率、连接数密度和时延为 5G 最基本的 3 个性能指标。同时，5G 还需要大幅提高网络部署和运营的效率，相比 4G，频谱效率提升 3 倍以上，能源效率提升百倍以上。性能需求和效率需求共同定义了 5G 的关键能力，具体见表 10 - 3。

总体上对 5G 的要求不仅要满足性能指标还要满足效率指标。

表 10 - 3　5G 性能/效率指标要求

性能指标	
用户体验速率	0.1~1 Gbit/s
连接数密度	$1 \times 10^6 / \text{km}^2$
时延	1 ms
移动性	500 km/h

续表

性能指标	
用户峰值速率	常规情况下 10 Gbit/s，特定场景 20 Gbit/s
流量密度	10 Mbit/s/m²
效率指标	
平均频谱效率	3 倍以上
能耗效益	100 倍

　　基于新的业务和用户需求，以及应用场景，4G 技术不能够满足要求，而且差距很大，特别是在用户体验速率、连接数目、流量密度、时延方面差距巨大，如图 10-1 所示。

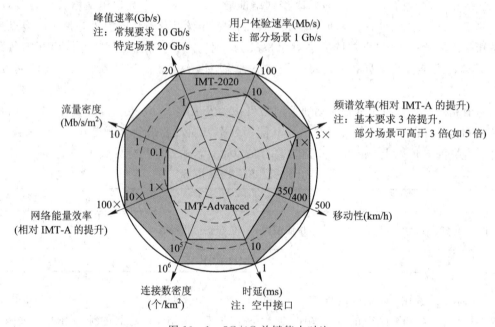

图 10-1　5G/4G 关键能力对比

　　5G 将以可持续发展的方式，满足未来超千倍的移动数据增长需求，为用户提供光纤般的接入速率，"零"时延的使用体验，千亿设备的连接能力，超高流量密度、超高连接数密度和超高移动性等多场景的一致服务，业务及用户感知的智能优化，同时将为网络带来超百倍的能效提升和超百倍的比特成本降低。

10.1.2　5G 标准协议制定

　　多个国家组织展开 5G 方面的研究工作，主要有欧洲的 METIS、iJOIN、5GNOW 等研究项目，还有日本的 ARIB，韩国的 5G 论坛，其他一些组织如 WWRF、Green Touch 等也都在积极地进行 5G 技术方面的研究。IMT 专门成立了 IMT-2020 从事 5G 方面的标准化工作，如图 10-2 所示。

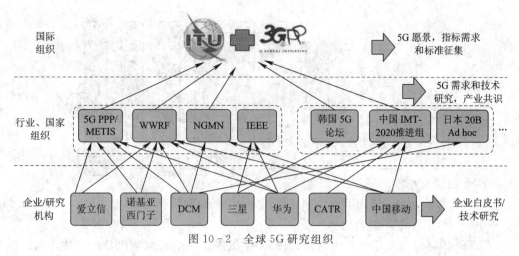

图 10 - 2　全球 5G 研究组织

1. 欧盟

1）WWRF 组织

WWRF(Wireless World Research Forum)是欧盟的 5G 研究组织，由西门子、诺基亚、爱立信、阿尔卡特、摩托罗拉、法国电信、IBM、Intel、Vodafone 等世界著名电信设备制造商、电信运营商于 2001 年发起成立。WWRF 是致力于移动通信技术研究和开发的国际性学术组织，其成员包括欧洲、美洲、亚洲的绝大多数电信设备制造商、电信运营商及知名大学从事移动通信技术研究的科学家。WWRF 的目标是在行业和学术界内对未来无线领域研究方向进行规划，提出、确立发展移动及无线系统技术的研究方向，为全球无线通信技术研究提供建设性的帮助。

2）METIS、i JOIN、5GNOW 项目

METIS、i JOIN、5GNOW 等都是欧盟的 5G 研究项目，其中 METIS 是欧盟最大的项目，iJOIN 主要是由大学和一些学术机构组成的，其影响力和对行业的推进力远不如 METIS。

2. 中国 IMT-2020

IMT-2020(5G)推进组是由中国工业和信息化部、科技部与国家发展和改革委员会联合成立，为联合产业界对 5G 需求、频率、技术与标准等进行研究的组织。作为 5G 推进工作的平台，推进组旨在组织国内各方力量、积极开展国际合作，共同推动 5G 国际标准发展。其成员主要是国内的电信设备制造商、高校、电信运营商和研究所。

IMT-2020(5G)推进组初步完成了中国国内 5G 潜在关键技术的调研与梳理，将 5G 潜在关键技术划分为无线传输技术和无线网络技术，并分为两个子组，分别是无线技术组和网络技术组，如图 10 - 3 所示。无线技术组侧重无线传输技术与无线组网技术研究，网络技术组侧重于接入网与核心网新型网络架构、接口协议、网元功能定义以及新型网络与现有网络融合技术的研究，如图 10 - 4 所示。

图 10 - 3　IMT-2020(5G)推进组结构

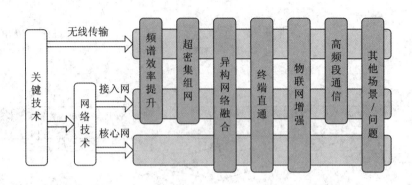

图 10-4　IMT-2020(5G)推进组研究框架

3. ITU-R

ITU-R(国际电信联盟无线电通信管理局)中设置了一个名为 WP5D 的特殊小组，专门负责 5G 相关事宜。目前，该小组主要起草两个文件，一个是 5G 的 2020 年愿景，另一个是 5G 的 2020 年系统技术，时间表如图 10-5 所示。

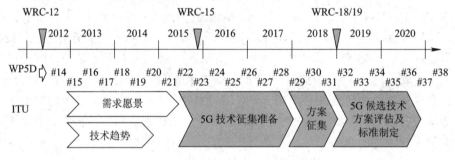

图 10-5　ITU 5G 标准时间表

4. NGMN

NGMN 于 2006 年正式在英国成立有限公司，它是由七大运营商发起的，包括中国移动、NTT DoCoMo、沃达丰、Orange、Sprint Nextel、T-Mobile、KPN，它是希望通过市场发起技术的要求，不管是下一步设备的开发还是实施等，都希望以市场为导向推行。

NGMN 不是由这七大运营商来做，它是一个开放的平台，不仅欢迎各个移动运营商，也欢迎设备制造商、研究单位(包括研究院所)以及高校加入，采用更开放的形式推动产业的发展，以获得更大的产业规模。在这个平台里运营商希望推动下一代网络技术，保证它的性能和可实施性，它不仅在提需求，同时也在推动标准化，促进标准化组织的制定，也会开展跟踪最终产业链的形式。它会推动测试设备的开发，进行一些实验和评估等，总体来说它希望成为一个务实的组织，非常紧密地与各个产业链合作的方式推动新的技术发展，不但能满足整个市场的需要，而且在业务能力以及时间方面可以满足运营商的需要，创造一个以市场为导向的共赢产业链。

NGMN 于 2015 年 2 月发布了其关于 5G 的白皮书，展示了其对于 5G 的展望和发展路标，如图 10-6 所示。

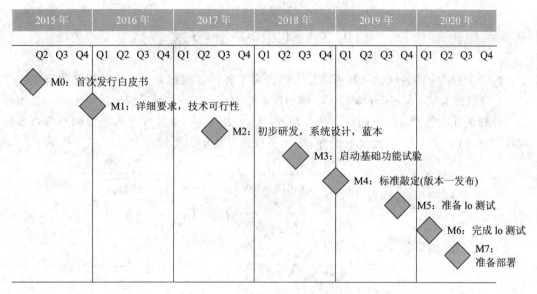

图 10 - 6　NGMN 5G 路标

5. 3GPP

3GPP 即第三代合作计划，是权威的 3G 技术规范机构，它是由欧洲的 ETSI，日本的 ARIB 和电信技术委员会(TTC，Telecommunication TechnologyCommittee)，韩国的电信技术协会(TTA，Telecommunication TechnologyAssociation)及美国的 T1 电信标准委员会在 1998 年年底发起成立的，旨在研究制定并推广基于演进的 GSM 核心网络的 3G 标准，即 WCDMA、TD-SCDMA 等。3GPP 标准组织主要包括项目合作组(PCG)和技术规范组(TSG)两类。其中 PCG 工作组主要负责 3GPP 总体管理、时间计划、工作的分配等，具体的技术工作则由各 TSG 工作组完成。目前，3GPP 包括 4 个 TSG，分别负责 EDGE 无线接入网(GERAN)、无线接入网(RAN)、系统和业务方面(SA)、核心网与终端(CT)。每一个 TSG 进一步分为不同的工作子组，每个工作子组分配具体的任务。

3GPP 作为全球影响力最大、落地商用最成功的通信标准化组织之一，其制定的 5G 标准已于 2020 年 7 月被国际电信联盟(ITU)确认为在 IMT-2020 框架下的唯一 5G 标准。5G 标准化在推出 R15、R16 和 R17 三个版本之后，3GPP 在 2021 年 4 月决定从 R18 开始正式启动 5G 演进标准的制定，并且正式将 5G 演进标准定名为 5G-Advanced。3GPP 制定的第一个 5G 标准版本 R15，支持 5G 独立组网及非独立组网，在空口上引入大规模天线、灵活帧结构、补充上行及双连接等技术，重点满足增强移动宽带业务的需求；R16 致力于 5G 能力的拓展与延伸，以垂直行业应用为抓手，通过工业物联网、专用网络、5G 车联网等一系列立项的支持，重点满足超高可靠低时延通信业务的需求，并且通过网络大数据采集、5G 远端基站干扰管理等立项，初步解决了运营商降本增效的痛点问题。正在制定的 R17 对 5G 能力进行了进一步拓展，在无线侧标准化方面，主要从使能更多行业和应用、解决 5G 网络运营需求及基础能力持续提升 3 个方向对 5G 能力提出了更高的要求。

10.2　5G 的关键技术

为了支持 5G 的多样化应用需求,人们提出了各种各样的新技术,其中在物理层技术领域,毫米波通信、Massive MIMO、同时同频全双工、新型多址、新型调制编码等技术已成为业界关注的焦点;而在网络层技术领域,超密集网络、D2D 和软件定义网络等技术已取得广泛共识。图 10 - 7 列出了支持 5G 的关键性能指标和关键技术。

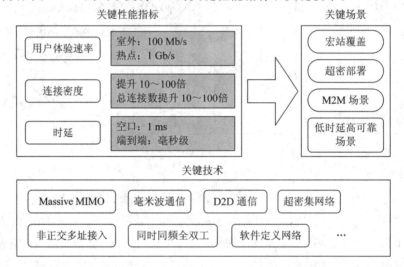

图 10 - 7　5G 的关键性能指标和关键技术示意图

下面将对其中的一些关键技术进行详细介绍。

10.2.1　Massive MIMO 技术

Massive MIMO(又称为 large-scale MIMO)技术在现有 MIMO 技术基础上通过大规模增加发送端天线数目,以形成数十个独立的空间数据流,进而达到数倍提升多用户系统的频谱效率。图 10 - 8 给出了 Massive MIMO 的原理示意图,可见利用基站庞大的天线阵,在同一时频资源上可同时服务若干个用户。

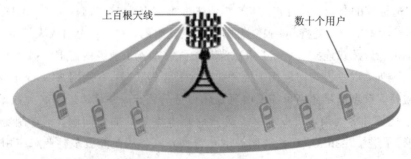

· 每个基站都有非常大的天线阵列,同时服务大量的用户

图 10 - 8　Massive MIMO 的原理示意图

相对于传统的 MIMO 技术，Massive MIMO 技术的优势有以下几点：

（1）Massive MIMO 能够深度挖掘空间维度资源，使得多个用户可以在同一时频资源上与基站同时进行通信，从而大幅度提高频谱效率。

（2）Massive MIMO 可大幅度降低上下行发射功率，从而提高功率效率。

（3）Massive MIMO 能够形成极精确的用户级超窄波束，从而大幅度降低干扰。

（4）随着天线数目的增多，基站和用户之间的信道变得几乎正交，这使得在基站端的信号处理变得简单，简单的线性处理便能近似获得最优的性能。

Massive MIMO 技术需要克服的难题主要有以下几点：

（1）导频污染严重。在大规模天线系统中，服务用户数的增加以及用户天线数的增多会导致导频资源极度受限。为了适应导频开销限制而复用导频资源时，导频的非正交性会导致出现导频污染问题。

（2）信道模型缺乏。天线阵元数目增多，同时带来了天线外形尺寸的增大，传统以平面波方式进行信道的建模对于近场偏差就会变得较大，急需寻找合适的信道模型。

（3）Massive MIMO 的信号检测和预编码所需的高维矩阵运算导致复杂度高，寻求是否能有复杂度和性能兼备的算法也是难题之一。

（4）信道估计开销大。系统设计时需要信道状态信息，但天线数目很大时，信道估计开销很大，这给具体实现带来了难题。

10.2.2　毫米波通信技术

现有的无线通信常用频段已经拥挤不堪，并且很难在传输速率量级上实现突破。为满足 5G 每秒千兆比特的高速无线传输，向更高的频段进军是可能的解决方式。只有将传输频率提高，才能使工作频段更宽，通信容量更大。例如，在 60 GHz 频段内，全球无须许可即可免费使用的带宽可达 7~9 GHz；使用如此宽的带宽，易于实现较高的数据传输速率，即使采用低阶的调制方式，也能确保 3~5 Gb/s 的传输速率。

早在 20 世纪 40 年代，科学家们就开始对毫米波无线电通信进行过研究，到了 20 世纪 50 年代，采用电子管作无线电毫米波发生器和放大器研制成功，但由于工作可靠性差、寿命短、造价昂贵，毫米波通信未得到实际应用。现在，随着微电子技术越来越成熟，毫米波集成电路和毫米波固体器件的成本和功耗越来越低，毫米波通信的实用化成为可能。

1. 毫米波通信的优势

1）极宽的带宽

通常认为毫米波频率范围为 26.5~300 GHz，带宽高达 273.5 GHz，超过从直流到微波全部带宽的 10 倍。科学实验表明，当毫米波在空间传播时，由于受大气的影响，有的频率衰减得小，有的频率则衰减大。因为水汽和氧分子的吸收作用，在 60、120、180 GHz 频率附近传输衰减出现极大值，称为"衰减峰"，相比之下，在 35、95、140、220 GHz 频率附近传输衰减较小，称为"大气窗口"。但即使考虑大气吸收，在大气中传播时只能使用四个主要窗口，但这四个窗口的总带宽可达 135 GHz，这在频率资源紧张的今天无疑极具吸引力。

2）极窄的波束

在相同天线尺寸下毫米波的波束要比微波的波束窄得多。例如一个 12 cm 的天线，在 9.4 GHz 时波束宽度为 18°，而 94 GHz 是波束宽度仅为 1.8°。因此，毫米波通信的能量利用更为集中，传输的质量更高，其误码率甚至可与光缆的传输质量相媲美。

3）安全保密性好

毫米波通信的这个优点来自两个方面：① 由于毫米波在大气中传播的衰减大，点对点的直通距离很短，超过这个距离信号就会变得十分微弱，这就增加了敌方进行窃听和干扰的难度；② 毫米波的波束很窄，且副瓣低，进一步降低了其被截获的概率。

2. 毫米波通信需要克服的难题

1）传播损耗大

假设天线的电尺寸保持不变，随着传输频率的提高，天线的尺寸将逐渐降低，自由空间的传播损耗与频率的二次方成正比关系。因此，当传播频率从 3 GHz 增大到 30 GHz 时，传播路径损耗将额外增加 20 dB。

2）绕射能力差

与微波相比，毫米波以直射波的方式在空间进行传播，镜面反射效应严重，而衍射和散射效果较差，容易受到障碍物的阻挡而发生通信中断。最近的测试结果表明，毫米波在自由空间中的传播损耗为每 10 m 的损耗值为 20 dB，但当存在障碍物遮挡时，每 10 m 的传播损耗值将达到 55～80 dB。

3）雨衰效应严重

与微波相比，毫米波信号在恶劣的气候条件下，尤其是降雨时的衰减要大很多，严重影响传播效果。研究表明，毫米波信号降雨时衰减的大小与降雨的瞬时强度、距离长短和雨滴形状密切相关。通常情况下，降雨的瞬时强度越大、距离越远、雨滴越大，所引起的衰减也就越严重。

10.2.3　同时同频全双工技术

同频同时双工技术是通过天线、射频以及数字部分的干扰隔离和消除，实现在同一时隙和频率上同时发送信号和接收信号。该技术理论上可以提高空口频谱效率 1 倍，同时能够带来频谱的更灵活分配和使用，这就是其发展的最强驱动力。

同时同频全双工传输发送和接收的基本原理如图 10-9 所示。由图可见，同时同频全双工主要是通过发送和接收射频电路装置来分离发送和接收信号。在传统 FDD 通信中，双工器必须设计成可以分离接收机与发送机信号的同时又允许它们公用相同天线。然而，同时同频全双工系统发送和接收电路工作在相同频带，需要研制新型的双工器。

图 10-9(a)所示为采用共享天线模式的全双工的基本结构，采用循环器作为双工器。一个理想的循环器可以阻止发送信号从发送射频电路流向接收射频电路。采用循环器，我们可以用一个共享天线在相同的频带上同时进行发送和接收信号。然而在实际环境中，循环器中的发送信号会有一部分从端口 1 流到端口 3，形成从端口 2 接收信道的直接自干扰

(Self-Interference，SI)。

图 10 - 9(b)所示为另一种分离发送和接收信号的结构，即通过物理上分离收发天线。当配备天线数多于 2 根时，可以采用这种不同天线的方法来分离信号。与共享天线的全双工不同，每个节点将天线分组以便于同时发送和接收并将分离的空间资源分为两部分以便全双工传输。

同频同时全双工系统固有的自干扰是从节点的发送端泄露到自己接收端的。SI 信号包括直接干扰和反射干扰。直接 SI 来源于发射天线发送信号中的视距分量或者是从循环器泄露的信号。反射干扰是由发送信号受到物理实体(例如建筑物、树木、山丘等)阻碍而造成的多径传输带来的多路非视距分量之和引起的。

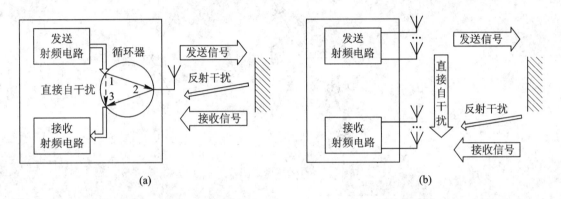

图 10 - 9　不同天线结构的同时同频全双工传输基本模块和信号
(a) 共享天线模式 (b)分离天线模式

同频同时全双工技术的主要问题有以下几点：

(1) 自干扰问题严重。

(2) 自干扰难以完美消除。实际中射频硬件的非线性、对子信道和接收 SI 信号的估计误差、各种消除技术的不完备等许多因素都会影响 SI 效果，无法彻底消除。

(3) 增加了用户间干扰。因为所有的邻近节点都同时发送，用户间干扰的数量几乎增长 2 倍，每个节点处的总干扰也有所增加。

(4) 增加了消耗功率和复杂度。每个节点需要拥有额外的器件来消除 SI 和用户间干扰，无疑会消耗更多的功率和资源。

10.2.4　D2D 通信技术

目前的蜂窝通信中，移动终端之间的通信都是由基站进行控制，而无法进行直接通信。其原因一方面是终端设备的能力有限，如手机发射功率较低，无法在终端之间进行任意时间和位置的通信；另一方面是无线信道资源有限，需要规避使用相同信道而产生的干扰风险，因此需要一个中央控制中心管控通信资源。然而，随着移动互联网和社交网络的日益发展，信息流向呈现热点区域的局域化特点，业务的本地特性更加明显，设备到设备(Device-to-Device，D2D)通信呼之欲出。D2D 通信是指当两个移动终端距离很近时进行直接通信的一种通信方式。图 10-10 给出了蜂窝网中的 D2D 通信示意图。

由图 10-10 可见，D2D 通信技术可以带来三方面的增益：① 地理位置增益，即地理位置的相近性带来良好直传信道质量，可能会使通信具有极高的数据速率、低的延迟以及低的功率消耗等优良性能；② 复用增益，即蜂窝系统的无线资源可能同时被蜂窝链路和 D2D 链路使用，提升系统的频率复用效率；③ 跳增益，相比于传统的蜂窝设备之间需要上行链路和下行链路的蜂窝通信方式，D2D 通信方式仅需要一跳传输即可完成。显然，当移动终端之间地理位置上相近、直传链路质量较好时，以 D2D 直传方式取代传统的蜂窝方式有利于解决本地数据流量急剧增加的难题。

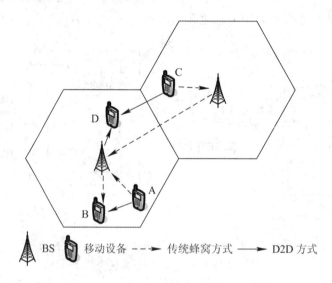

图 10-10　小区内和相邻小区间 D2D 通信示意图

D2D 通信可以使用授权频谱，也可以使用非授权频谱；可以采用广播、组播和单播技术，还可以和中继技术、多天线技术等结合。

尽管采用 D2D 通信技术可以有效减轻蜂窝网络负担，减少移动终端的电池消耗，增加数据速率，提高覆盖范围，但要想实现蜂窝网络与 D2D 通信的高效共存，需解决邻居发现、链路连接、模式选择、干扰管理等难题。

10.2.5　超密集网络技术

随着智能手机和移动电脑等移动终端(UE)的广泛使用，无线数据流量持续快速增长，而在现有的网络结构下，仅靠无线物理层技术难以解决数据量急剧增长和频谱资源紧缺的双重难题，为此人们从网络层面提出了超密集网络(Ultra-DenseNetwork，UDN)方案。UDN 是一种网络形态，它通过部署更加"密集化"的无线接入点等基础设施，以获得更高频率的复用效率，进而在局部热点地区实现成百倍系统容量的提升。图 10-11 给出了UDN 示意图，图中采用大功率宏小区(macorcell)为网络提供基本覆盖，并在宏小区的覆盖区域内密集部署微微小区(picocell)、毫微微小区(femtcocell)、中继(relay)节点等低功率小小区，来获得更高的频率复用效率，增强热点区域覆盖能力。

早期的网络设计是从提高网络覆盖范围的角度出发，运营商通过在室外部署宏基站构建通信网络，满足网络容量需求。然而，随着接入设备数量不断增加，网络中开始出现一些容量受限的局部热点区域，于是街道级别的微蜂窝覆盖开始出现，结果形成了如今典型的等级蜂窝架构——宏蜂窝负责提供伞式覆盖、微蜂窝满足区域热点容量需求。

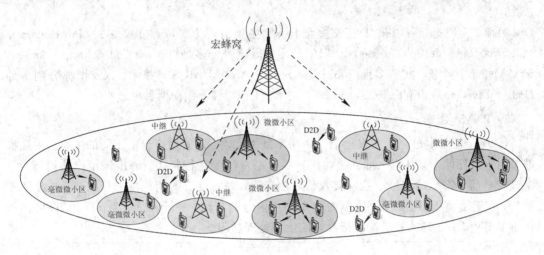

图 10 - 11　超密集网络示意图

随着通信需求尤其是室内通信需求的进一步增长（例如，据统计当今大约 65%～70% 的数据量是由室内用户产生的），人们对于在居室、地铁和办公室等室内场所部署中继站、分布式天线和小小蜂窝接入点的兴趣激增。通过引入小小区，室内和热点地区用户的高数据速率需求可以得到满足，与此同时，小小区还可以分担一部分宏蜂窝的负载，降低移动设备与基站的能耗。所以，UDN 技术被认为是 5G 实现 1000 倍容量增长的关键技术之一。

超密集网络导致基站微型化成为必然选择，小基站大量部署使得网络节点离终端更近。小基站发送功率较低，覆盖距离达数十米，通过数字用户线与蜂窝核心网络相连，能有效降低网络部署和运营的开销。小基站部署具有成本低、网络容量增益大，便于实现无缝切换和智能卸载等优点。

理论上，每个小区的半径减小和小区数的增多会产生更大容量和更多的频谱复用，但实际上由于小区密集、距离更近，超密集部署面临诸多难题。例如，在目标信号增强的同时，来自不同小区之间的干扰强度也跟着增强；由于小区变小，移动用户的越区切换变得更加频繁。因此，干扰消除、小区快速发现、密集小区间协作、基于终端能力提升的移动性增强等问题有待解决，这些都是目前超密集网络的开放性研究课题。

10.2.6　非正交多址技术

正交多址接入是 1G～4G 系统采用的主流多址技术，其接入用户数与正交资源成正比，因而容量有限。随着 5G 海量连接、大容量和低延时等需求的出现，人们迫切需要新的多址接入技术。

已有的研究表明，非正交多址（Non-Othogonal Multiple Access，NOMA）技术不仅能进一步增加频谱效率，也是逼近多用户信道容量界的有效手段。从系统设计角度看，它们通过时域、频域、空域/码域的非正交设计，在相同的资源上可为更多的用户服务，进而有力地提升系统容量和用户接入能力。

　　不同的 5G 应用场景，有不同的需求。例如，下行主要面向广域覆盖和密集高容量场景，目标是实现频谱效率的提升；上行主要面向低功耗大连接场景和低时延高可靠场景，目标是针对物联网场景。未来多址方案的选择需根据不同场景，结合其实现复杂度加以选择。

　　目前，人们提出了多种非正交多址技术，主要有：功率域非正交多址（Power-domain Non-orthogonal Multiple Access，PNMA）技术、稀疏码分多址（Sparse Code Multiple Access，SCMA）技术、多用户共享多址（Multi-UserShared Access，MUSA）技术，以及图样分割多址（PatternDivision Multiple Access，PDMA）技术。下面简要介绍前两种多址的原理。

1. PNMA 原理

　　PNMA 的基本思路是在发送端采用功率复用，对不同的用户分配不同的功率；在接收端采用逐级删除干扰策略，即在接收信号中对用户逐个进行判决，解出该用户的信号，并将该用户信号产生的多址干扰从接收信号中删除，并对剩下的用户再进行解调，如此循环反复，直至消除所有多址干扰，实现多个用户信号的分离。图 10 - 12 以下行 2 用户为例，给出了 PNMA 方案的发送端和接收端的信号处理过程。

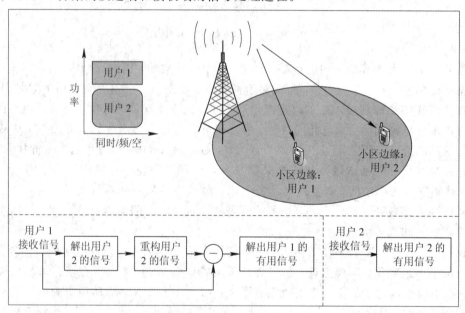

图 10 - 12　下行 PNMA 的收发信号处理示意图

　　1）基站发送端

　　小区中心的用户 1 和小区边缘的用户 2 占用相同的时频空资源，二者的信号在功率域进行叠加。其中，基站根据用户信道条件好坏，分给用户 1 较低的功率，分给用户 2 较高的功率。

　　2）用户接收端

　　从恢复信号角度看，用户 2 的接收信号较强，在用户 1 的干扰信号低于用户 2 的有用信号情况下，可直接解出用户 2 的有用信号；而用户 1 的接收信号较弱，若想正确解出用户 1 的有用信号，必须先解出用户 2 的信号，然后再删除，进而在较好的信干噪比（SINR）

情况下，解出用户 1 的有用信号。

　　上行 PNMA 的收发信号处理过程与下行类似，叠加的多用户信号在基站接收端通过干扰删除进行区分。其中，对于先解出的用户信号，需要将其他用户信号当成干扰。

　　可见，在干扰可以理想删除的情况下，PNMA 可获得更高的频谱效率，但付出了接收机复杂度高的代价。PNMA 主要依靠功率分配、时频资源与功率联合分配、多用户分组来实现用户区分，其性能与串行干扰消除、功率复用密切相关。

2. SCMA 原理

　　SCMA 是一种基于码域叠加的多址技术，它通过使用稀疏编码而将用户信息在时域和频域上扩展，不同用户基于分配的码本进行信息传输。

　　图 10 - 13 给出了采用 Turbo 码的 6 用户 SCMA 原理示意图。由图可见，在发送端，某一用户比特流输入 SCMA 编码器，编码器从给定的比特流性 SCMA 码本中选取其中的一个码字，相应的码字通过物理资源块（Physical Resource element，PRE）映射，将码字映射到某一 PRE 上；然后将多个用户码字进行非正交叠加，在相同的时频空资源里发送。利用稀疏性，接收端可采用低复杂度的消息传递算法（Message Passing Algorithm，MPA），并通过多用户联合检测，结合信道译码分离出不同用户的信息。

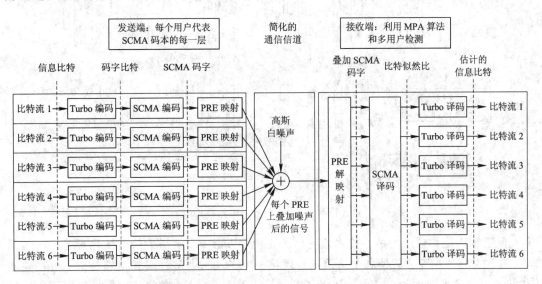

图 10 - 13　SCMA 原理示意图

　　图 10 - 14 给出了 6 用户的 SCMA 编码原理示意图。由图可见，每个用户选择一个码本，多个用户的码字进行叠加；各个码字之间存在着天然稀疏性（这也是稀疏编码称谓的缘由）。另外，SCMA 相当于把单个子载波的用户数据扩展到 N 个子载波上（部分子载波对该用户而言是空载），这也是为何有时称为码域扩频的原因。

　　SCMA 技术采用基于码域的非正交多址，大大提升了频谱效率；通过使用数量更多的子载波组，并调整稀疏度，可进一步提升频谱效率。

　　除了以上介绍的新技术外，极化码和软件定义网络（Software Defined Network，SDN）等也是人们关注的热点。

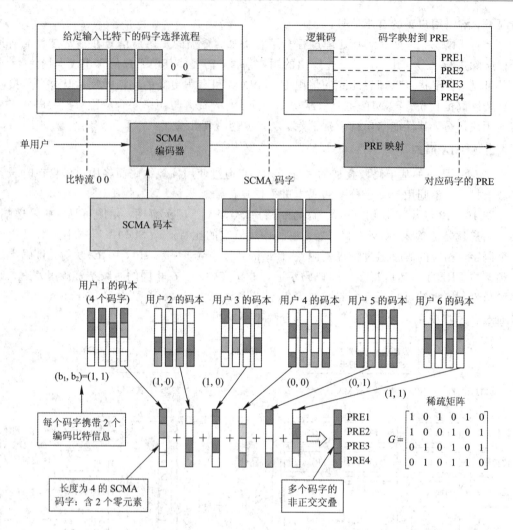

图 10-14 SCMA 编码原理示意图

信道编码是物理层的核心技术之一。极化码(Polar 码)是基于信道极化理论,在编码侧,通过递归的构建方式使各个子信道呈现出不同的可靠性,当码长足够长时,可将独立的 N 个信道变换成两类:一类是互信息很大的信道,在此完美信道可以传递不用编码的信息;另一类是互信息很小的信道,在此纯噪声信道无法传递信息。在译码侧,可用串行干扰抵消译码算法,以较低的实现复杂度获得与最大似然译码相近的性能。研究表明,信道极化码在理论上能够达到香农极限,编译码算法又具有较低复杂度。2016 年 11 月,我国华为公司主推的极化码方案已成功入选 5G 增强移动宽带场景(如超高速率、低时延、大连接的移动互联网和物联网等应用场景)的控制信道编码标准,这是我国 5G 移动通信技术研究和标准化上的重要进展。

SDN 是一种全新的网络架构,其核心理念是转发与控制分离、集中控制、开放可编程,它可通过 OpenFlow 接口协议将网络设备控制面与数据面分离开来,进而实现网络流量的灵活控制,并通过开放和可编程接口实现"软件定义"。SDN 简化了网络架构,为移动通信网络发展带来了新的思路。

参 考 文 献

[1] 杨昉,刘思聪,高镇. 5G 移动通信空口新技术[M]. 北京:电子工业出版社,2020.

[2] 崔海滨,杜永生,陈巩. 5G 移动通信技术:5G 开启智慧未来[M]. 西安:西安电子科技大学出版社,2020.

[3] 陈威兵,等. 移动通信原理[M]. 2 版. 北京:清华大学出版社,2019.

[4] 宋拯,惠聪,张帆. 移动通信技术.[M].2 版. 北京:北京理工大学出版社,2017.

[5] 张轶,等. 现代移动通信原理与技术(M). 北京:机械工业出版社,2018.

[6] 郭梯云,邬国扬,李建东. 移动通信[M]. 3 版. 西安:西安电子科技大学出版社,2005.

[7] 杨家玮,盛敏,刘勤. 移动通信基础[M]. 2 版. 北京:电子工业出版社,2008.

[8] 蔡跃明,吴启晖,田华,等. 现代移动通信[M]. 3 版. 北京:机械工业出版社,2012.

[9] RAPPAPORT T S. 无线通信原理与应用[M]. 蔡涛,李旭,杜振民,译. 北京:电子工业出版社,1999.

[10] 啜刚,孙卓. 移动通信原理[M]. 北京:电子工业出版社,2011.

[11] 章坚武. 移动通信[M]. 西安:西安电子科技大学出版社,2003.

[12] 韦惠民,李国民,暴宇. 移动通信技术[M]. 北京:人民邮电出版社,2006.

[13] 尹长川,罗涛,乐光新. 多载波宽带无线通信技术[M]. 北京:北京邮电大学出版社,2004.

[14] 吴伟陵,牛凯. 移动通信原理[M]. 2 版. 北京:电子工业出版社,2009.

[15] 陶小峰,崔琪梅,许晓东,等. 4G/B4G 关键技术及系统[M]. 北京:人民邮电出版社,2011.

[16] 杨大成,等. 移动传播环境[M]. 北京:机械工业出版社,2003.

[17] 杨秀清. 移动通信技术[M]. 北京:人民邮电出版社,2008.

[18] 曹志刚,钱亚生. 现代通信原理[M]. 北京:清华大学出版社,1992.

[19] 沈越泓,高媛媛,魏以民. 通信原理[M]. 北京:机械工业出版社,2003.

[20] 覃团发. 移动通信[M]. 重庆:重庆大学出版社,2005.

[21] 袁超伟,陈德荣,冯志勇. CDMA 蜂窝移动通信[M]. 北京:北京邮电大学出版社,2003.

[22] 戴美泰,等. GSM 移动通信网优化[M]. 北京:人民邮电出版社,2003.

[23] 张威. GSM 网络优化——原理与工程[M]. 北京:人民邮电出版社,2003.

[24] 中兴通讯《CDMA 网络规划与优化》编写组. CDMA 网络规划与优化[M]. 北京:电子工业出版社,2005.

[25] 罗凌,焦元媛,陆冰,等. 第三代移动通信技术与业务[M]. 2 版. 北京:人民邮电出版社,2007.

[26]　POPOVIĈ M，KOPRIVICA M，MILINKOVIĈ J，et al. Experimental Analysis of Individual EMF Exposure for GSM/UMTS/WLAN User Devices [J]. Annales des Telecommunications/Annals of Telecommunications，2019，74(1)：79 - 91.

[27]　BELRHITI L，RIOUCH F，TRIBAK A，et al. A Low-profile Planar Monopole Internal Antenna for GSM/DCS/PCS/IMT/UMTS/WLAN/ISM/LTE Operation in the Mobile Phones [J]. International Journal of Microwave and Wireless Technologies，2019，11(01)：41 - 52.

[28]　GREKHOV A，KONDRATIUK V，ILNYTSKA S. RPAS Communication Channels Based on WCDMA 3GPP Standard [J]. Aviation，2020，24(01)：42 - 49.

[29]　YAMAMOTO K，MIYASHITA M，MUKAI K，et al. Design and Measurements of Two-Gain-Mode GaAs-BiFET MMIC Power Amplifier Modules with Small Phase Discontinuity for WCDMA Data Communications [J]. IEICE Transactions on Electronics，2018，E101. C(1)：65 - 77.